结构设计新形态丛书

3D3S
结构设计入门与提高

杨韶伟　编著

中国建筑工业出版社

图书在版编目(CIP)数据

3D3S 结构设计入门与提高 / 杨韶伟编著. -- 北京：中国建筑工业出版社，2024. 11. -- (结构设计新形态丛书). -- ISBN 978-7-112-30601-5

Ⅰ. TU391.04

中国国家版本馆 CIP 数据核字第 2024ET2513 号

本书为"结构设计新形态丛书"之一。为网络达人编写。本书含有大量的视频（98 个文件，约 7G），可扫码观看。3D3S 是钢结构设计人员必备的工作软件之一。主要内容包括：空间结构概念设计与 3D3S 软件介绍；平板网架结构 3D3S 计算分析与设计；管桁架结构 3D3S 计算分析与设计；高耸结构 3D3S 计算分析与设计；户外广告牌类结构 3D3S 计算分析与设计；空间钢连廊结构 3D3S 计算分析与设计；曲面网架结构 3D3S 计算分析与设计；网壳结构 3D3S 计算分析与设计；旋转楼梯钢结构 3D3S 计算分析与设计；空间钢结构节点设计。

本书供钢结构设计人员、结构设计人员使用，并可供各层次的院校师生参考及作为教材、培训教材使用。

责任编辑：郭栋
责任校对：王烨

结构设计新形态丛书
3D3S 结构设计入门与提高
杨韶伟　编著

*

中国建筑工业出版社出版、发行（北京海淀三里河路 9 号）
各地新华书店、建筑书店经销
北京红光制版公司制版
北京云浩印刷有限责任公司印刷

*

开本：787 毫米×1092 毫米　1/16　印张：16　字数：393 千字
2025 年 4 月第一版　　2025 年 4 月第一次印刷
定价：**78.00** 元
ISBN 978-7-112-30601-5
（43995）

版权所有　翻印必究
如有内容及印装质量问题，请与本社读者服务中心联系
电话：(010) 58337283　　QQ：2885381756
（地址：北京海淀三里河路 9 号中国建筑工业出版社 604 室　邮政编码：100037）

前　言

空间钢结构设计相较于传统的多高层结构体系，它的特点是杆件繁多，空间建模要求高。3D3S 作为一款国产结构设计软件，它的空间结构建模和计算功能无疑极大减轻了结构设计的工作量，提升了工作效率。

本书前 5 章内容为基础章节，重点结合软件进行详细操作，让读者能够尽快地将常见的空间结构（平板网架、管桁架、塔架、户外广告牌钢结构），通过案例进行软件操作，熟悉空间钢结构整体计算的流程，树立空间钢结构设计的信心。本书第 6~10 章的内容属于提升部分，涉及钢连廊、曲面网架、网壳、旋转楼梯与节点设计，这里提醒读者，随着结构复杂性的增加，一定要从"靠一款软件解决问题"的思路中脱离出来，充分发挥读者的主导地位，借用每个软件的强项进行分析设计，比如复杂的建模可以用犀牛 Grasshopper 进行，非线性和时程分析可以借助 midas Gen、SAP2000 来实现。

每一章内容都是结构概念先行、案例带动操作的模式，让读者摆脱为了学软件而学软件的误区。在学习 3D3S 软件的过程中，读者掌握结构计算的同时，留意不要被软件所束缚，特别是软件的数据，要养成以结构概念为基础，判断软件计算结果的能力。

本书每个章节配备了大量的二维码视频，读者在学习的过程当中，可以作为"饭后甜点"，扫码学习视频内容，有的视频是进行相关章节的结构概念设计讲解，有的是视频对图集、规范条文的理解进行介绍，有的视频是对一些关键的操作步骤进行介绍。传统的书籍借助图文来表达作者的内容，本书突破传统的图文模式，读者在阅读此书时，务必扫码阅读学习，多角度助读者尽快上手 3D3S，将其作为结构设计的一个工具。

最后，衷心希望阅读此书的读者，通过此书的阅读，将 3D3S 作为自己结构设计工作的一个工具，提升设计效率。

本书在编写过程中得到广大设计同仁的支持和帮助，特别是李巧珍、冉敏，责任编辑郭栋，在此致以衷心的感谢。由于编者水平有限，书中难免存在疏漏及不足，欢迎读者加入 QQ 群 "548501517" 或添加杨工微信 "13152871327"，对本书展开讨论或提出批评建议。另外，微信公众号 "鲁班结构院" 会发布本书的相关更新信息，欢迎关注。

目 录

第 1 章 空间结构概念设计与 3D3S 软件介绍 ·················· 1
    1.1 空间结构概念设计 ··· 1
    1.2 3D3S 软件介绍 ·· 4
    1.3 新手如何用 3D3S 软件做空间结构 ······················ 5

第 2 章 平板网架结构 3D3S 计算分析与设计 ················· 6
    2.1 平板网架结构案例背景 ······································ 6
    2.2 平板网架结构概念设计 ······································ 7
    2.3 平板网架结构 3D3S 软件实际操作 ····················· 22
    2.4 平板网架结构 3D3S 软件结果解读 ····················· 40
    2.5 平板网架结构案例思路拓展 ······························ 63
    2.6 平板网架结构小结 ·· 78

第 3 章 管桁架结构 3D3S 计算分析与设计 ···················· 79
    3.1 从平面桁架入门 ··· 79
    3.2 管桁架结构概念设计 ··· 85
    3.3 管桁架结构 3D3S 软件实际操作 ························ 88
    3.4 管桁架结构案例思路拓展 ································· 105
    3.5 管桁架结构小结 ·· 107

第 4 章 高耸结构 3D3S 计算分析与设计 ······················ 108
    4.1 高耸结构概念设计 ·· 108
    4.2 高耸结构 3D3S 软件实际操作 ·························· 114
    4.3 高耸结构案例思路拓展 ··································· 127
    4.4 高耸结构小结 ·· 128

第 5 章 户外广告牌类结构 3D3S 计算分析与设计 ········ 129
    5.1 广告牌结构概念设计 ······································· 129
    5.2 单柱悬臂广告牌 ··· 135
    5.3 格构式广告牌 ·· 143
    5.4 巨型广告牌 ··· 146
    5.5 户外广告牌类结构小结 ··································· 150

第 6 章 空间钢连廊结构 3D3S 计算分析与设计 ... 151
6.1 空间钢连廊结构概念设计 ... 151
6.2 带立柱空间钢连廊结构 ... 152
6.3 带立柱空间钢连廊结构拓展 ... 162
6.4 无柱空间钢连廊结构 ... 164
6.5 空间钢连廊结构小结 ... 169

第 7 章 曲面网架结构 3D3S 计算分析与设计 ... 170
7.1 曲面网架结构背景介绍与概念设计 ... 170
7.2 曲面网架结构参数化快速建模 ... 170
7.3 曲面网架结构 3D3S 软件实际操作 ... 176
7.4 曲面网架结构小结 ... 184

第 8 章 网壳结构 3D3S 计算分析与设计 ... 185
8.1 网壳结构概念设计 ... 185
8.2 网壳结构 3D3S 软件实际操作 ... 192
8.3 网壳结构小结 ... 200

第 9 章 旋转楼梯钢结构 3D3S 计算分析与设计 ... 201
9.1 旋转楼梯钢结构背景介绍与概念设计 ... 201
9.2 无柱旋转楼梯钢结构建模与计算分析 ... 201
9.3 中柱旋转楼梯钢结构建模与计算分析 ... 209
9.4 带中间平台旋转楼梯钢结构建模与计算分析 ... 214
9.5 旋转楼梯钢结构小结 ... 219

第 10 章 空间钢结构节点设计 ... 220
10.1 螺栓球节点 ... 220
10.2 焊接球节点 ... 227
10.3 相贯节点 ... 232
10.4 平板压力支座 ... 235
10.5 橡胶支座 ... 242
10.6 支座与节点小结 ... 246

参考文献 ... 247

第 1 章

空间结构概念设计与 3D3S 软件介绍

1.1 空间结构概念设计

1.1.1 初识空间钢结构

随着社会的发展,人类的需求越来越多样化。房屋最初作为人类遮风挡雨的场所,但是人类解决基本的温饱问题后,又会有更高的需求出现。任何结构的产生不是偶然的,它是伴随着人类的需求而发展。空间结构就是典型的代表,它的特点是要有足够的空间来满足人们的使用,如图 1.1-1 所示,一个典型的室内篮球场,因为功能需求,只能通过空间结构来实现。

图 1.1-1 室内运动场

1.1.2 空间钢结构的分类

空间结构的分类在很多专业书籍上有过介绍,比如根据受力的特点可以分为刚性空间结构、柔性空间结构、杂交空间结构等,这里我们从两个角度进行介绍。

1

1. 根据董石麟院士按照空间结构基本单元划分的思路进行分类

如图 1.1-2 所示。此种分类方法应是比较严谨的分类，读者可以结合工程经验和生活阅历感受自己接触过的空间结构。

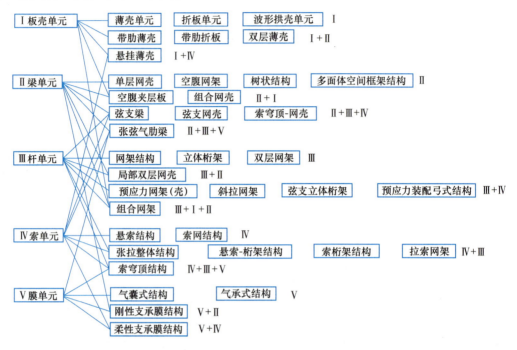

图 1.1-2　空间结构分类

2. 从实际应用的角度进行分类

做过空间结构的读者都知道此类结构受建筑制约非常大，因为很多大空间都是敞开的，所以更加突出结构成就建筑之美。因此，很多项目在方案选型阶段要考虑建筑的需求。常用的空间结构有网架结构、立体管桁架结构、网壳结构。随着建筑需求的变化，会有一些延伸出来的异形空间结构，因为结构需求增加悬索与刚性空间结构的混合使用。

1.1.3　空间钢结构的方案选型

本小节从结构设计人员的角度出发，针对方案阶段进行结构选型时需要注意的问题，进行介绍。

1.1.3 空间钢结构的方案选型

1. 建筑功能的需求

这是选型的基础，充分理解建筑师的需求，结合其造型来确定结构设计可供选择的空间结构。比如，当建筑设计需要实现图 1.1-3 所示的空间屋盖时，常规的网架结构、管桁架结构很容易满足需求。比如，当建筑需要实现图 1.1-4 所示的造型时，很明显属于异形空间钢结构的范畴，需要结构设计人员通过参数化建模、有限元分析来计算分析。

2. 结构的合理性

这是从结构的角度出发考虑，建筑的底线是安全。一个合理的结构体系，其安全冗余度也会比较高。空间结构的使用场所大部分是人员密集的地方，若出现安全问题，则后果非常严重。比如，同样的一个项目，有的读者选择网架，有的选择桁架，甚至有的选择的

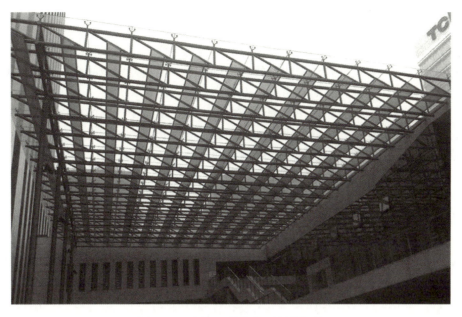

图 1.1-3　网架、管桁架平屋盖场景

图 1.1-4　异形钢结构场景

网架的高度都相差甚远。虽然能达到同样的建筑效果，安全下限也没问题，但是若从结构专业的角度进行比选分析，会发现任何一个项目，都有一个相对合理的结构方案。比如，读者甲选择 1.5m 高的网架，读者乙选择 1.8m 高的网架。虽然都能满足建筑净高要求，但是仔细观察两个读者的结构指标，会发现应力比、结构变形等均不相同。这就需要结合此项目进行综合的对比，确定一个相对合理的高度。

3. 建筑的综合造价

这点其实不止针对空间结构而言，所有的结构都一样。结构工程师不要眼光只局限于结构的材料用量上，要拓展到整个建筑的综合造价上。尤其是大型的商业综合体项目，结构所占的造价比例非常低，相对于昂贵的设备和精装，简直是九牛一毛。这里，我们举两个例子。一个是顶层的空间屋盖，某项目管桁架结构，从结构计算的角度 2m 即可满足使用需求，下面有一些设备管道的使用空间。如果结构高度适当增加 0.3m，设备管道即可非常轻松地从桁架中空区域穿过，整体净高反而增加了。这时，需要各个专业的读者密切沟通，商定一个对项目最有利的方案。

再举一个地基基础相关的例子。筏形基础是一个非常普遍的基础，它分为梁板式筏形基础和平板式筏形基础。20 年前，梁板式筏形基础是主流，原因很简单，它可以节约钢筋用量。但是现在，时代不同了，如果同样的项目若还是采用梁板式筏，可能综合造价反而高。原因很简单，人工费和工期因素占主导地位。因此，适当增加钢筋用量，反而会大幅度节约人工费。

以上三点是空间结构选型的大的原则。具体到每种空间结构的概念设计，我们在相应的章节进行介绍。

1.2　3D3S 软件介绍

1.2 3D3S软件介绍

本小节介绍本书涉及的国产软件 3D3S，读者只需要对它有一个初步印象即可，后面随着案例章节的深入，完全可以在工程应用中很好地使用它。

3D3S 是上海同磊土木工程技术有限公司依托同济大学的研发优势和领先的技术力量，不断地将前沿的科研成果转化而来的一款软件，图 1.2-1 是它的操作界面。它依托于

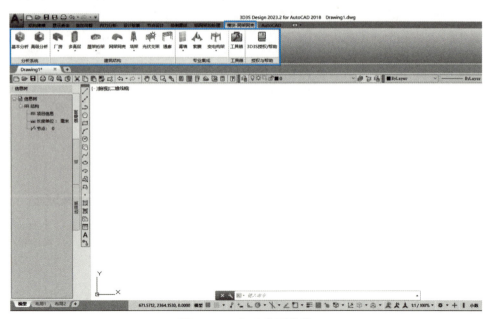

图 1.2-1　3D3S 主要菜单

CAD 软件，主要有分析系统、建筑结构、专业集成和工具箱四大板块。在工程应用中，我们用得比较多的是建筑结构中的网架网壳、屋架桁架和塔架三大菜单。

关于具体的菜单内容，我们在后续对应章节会详细介绍，这里我们需要提醒读者其使用问题。任何一款商业软件都会存在迭代更新的问题，这是市场化的必然，没有竞争就没有进步。对于新手读者而言，往往容易过多的关注软件是否为最新版本，其实这点大可不必。一款长久的畅销软件，它的基本架构一定是确定的，否则早就被市场淘汰了。本书建议读者使用的 3D3S 软件为 2020 版及以后的版本（考虑新规范的添加，可以用 2023 版本）即可。软件的操作方法完全一致，不同的只是规范的更新和部分界面的整理。

1.3 新手如何用 3D3S 软件做空间结构

1.3 新手如何用3D3S软件做空间结构

对新手读者而言，尽快熟悉 3D3S，借助此软件上手做结构设计项目是第一要务。下面，我们提几点学习本书的建议，以使读者更加高效地阅读学习。

1）结构设计中，人要发挥主导作用。通俗地说，就是结构读者是主导。因此，在做结构计算前，结构读者必须有清晰的结构概念。在本书的每个案例中，我们在进行软件操作前，都会对该案例进行结构概念分析。从结构体系到具体的构件截面估算，都会进行详细的介绍。

2）结构软件是论证结构读者结构方案能否顺利实现的依据。因此，本书在介绍每一个案例的结构概念之后，都会进行详细的软件操作。传统的软件操作书籍经常无意间会变成软件使用说明书，枯燥无味。本书在软件操作部分，重点介绍计算假定与软件实现和参数之间的关系。我们会对软件计算结果进行详细的解读。计算机只是一个工具，它会通过各种数值计算得到计算结果。但是，计算结果的合理与否需要结构读者自己判断。在本部分，我们重点会结合结构概念以及规范条文去分析计算结果，以帮助读者在每一个案例中能够树立并逐步养成结构的概念设计理念。

3）读者在阅读本书的过程中，要抓大放小。先把握整体脉络，不要拘泥于某一章节、某一案例过于细节的问题。当把完整的一个案例章节阅读完成之后，先去回忆整个章节中对结构整体指标的判断方法；之后，再去思考一些细节性的问题。随着阅读的深入和结构设计经验的积累，再去思考之前没有解决的问题。

4）空间结构的设计不可能靠一两款商业软件就完成。读者不要抱着"一款软件打天下"的心理去学习，3D3S 软件重点针对的是网架、网壳、桁架、塔架以及简单的异形钢结构的线性分析。涉及非线性分析的内容，建议读者用相关的有限元软件（比如，midas Gen、SAP2000）等进一步分析。这类相关的有限元软件可以参阅笔者已出版的《迈达斯 midas Gen 结构设计入门与提高》等结构书籍。

以上是关于结构读者学习结构设计和 3D3S 结构设计软件的一些建议。下面，我们就开始进入丰富的案例章节进行学习阅读。为了便于读者更好地体会实际项目中的方案比选，第 2 章、第 3 章、第 7 章的案例为同一案例改编而成，就是借助同一个屋盖，分别进行网架、管桁架、曲面网架进行计算分析。案例的起源为本丛书中笔者编著的《盈建科 YJK 结构设计入门与提高》一书。关于结构的整体计算部分可以参阅此书，本书只对空间结构部分进行介绍。

第2章

平板网架结构 3D3S 计算分析与设计

2.1 平板网架结构案例背景

2.1 平板网架结构案例背景

本案例为一宿舍楼，位于河北省承德市兴隆县，典型平面布置图如图 2.1-1 所示。

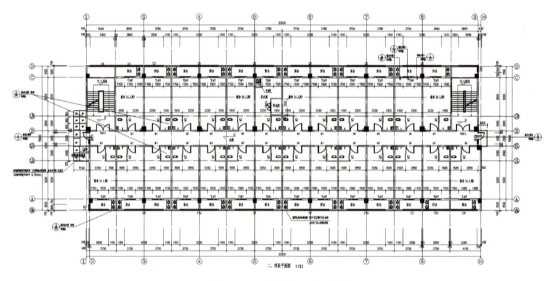

图 2.1-1 建筑平面布置图

建筑层数为五层，层高 3.6m，立面图如图 2.1-2 所示。

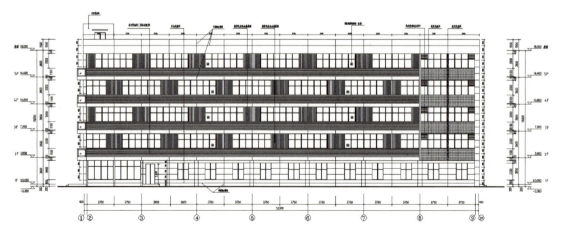

图 2.1-2 建筑立面图

上面是基本的建筑项目信息，关于此项目的整体计算部分可以参阅笔者编著的《盈建科 YJK 结构设计入门与提高》一书。本章我们将顶层内部框架柱取消，屋盖做成网架结构。

2.2 平板网架结构概念设计

2.2.1 网架结构分类

2.2.1 网架结构分类

网架结构通常分为三大类，分别是平面桁架系网架、四角锥体系网架、三角锥体系网架，下面我们分别介绍。

一、平面桁架系网架

此桁架系网架分五种类型。

1. 两向正交正放网架

如图 2.2-1 所示。它的特点是由两个方向的平面桁架交叉组成，如图 2.2-2 所示，各向桁架的交角呈 90°。在矩形建筑平面中应用时，两向桁架分别与建筑物两个方向的建筑轴线垂直或平行。这类网架两个方向桁架的节间宜布置成偶数。如为奇数网格，则其中间节间应做成交叉腹杆。另外，在其上弦平面的周边网格中应设置附加斜撑，以传递水平荷载。当支承节点在下弦节点时，下弦平面内的周边网格也应设置此类杆件。图 2.2-3 是它在各个视角的布置，读者可以体会它在三维空间中的特点。

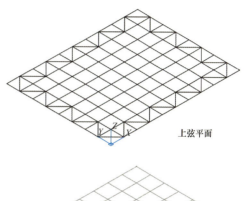

上弦平面

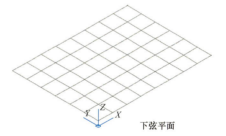

下弦平面

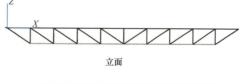

立面

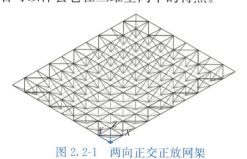

图 2.2-1 两向正交正放网架

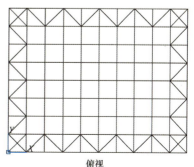

俯视

图 2.2-2 两向正交正放平面桁架

图 2.2-3 各个视角的布置

2. 两向正交斜放网架

如图 2.2-4 所示。它是由两个方向的平面桁架斜交而成的，如图 2.2-5 所示，其交角成 90°。它与两向正交正放网架的组成方式完全相同，只是在建筑平面上放置时将它转动 45°。每向平面桁架与建筑轴线的交角不再是正交，而是成 45°。图 2.2-6 是它在各个视角的布置，读者可以体会它在三维空间中的特点。

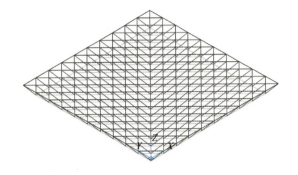

图 2.2-4 两向正交斜放网架

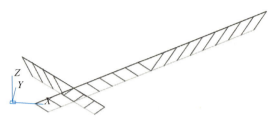

图 2.2-5 两向正交斜放平面桁架

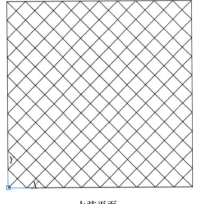

上弦平面

立面

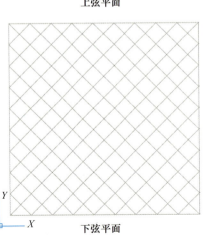

下弦平面

俯视

图 2.2-6 各个视角的布置

3. 两向斜交斜放网架

如图 2.2-7 所示。它由两个方向的平面桁架交叉而组成。但其交角不是正交，而是根据下部两个方向支承结构的间距而变化，两向桁架的交角可呈任意角度。此类网架受力性能也不理想，只有当建筑要求长宽两个方向的支承间距不等时才采用。图 2.2-8 是它在各个视角的布置，读者可以体会它在三维空间中的特点。

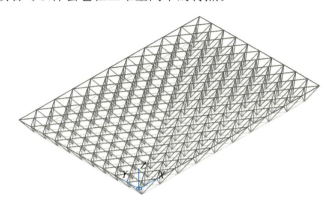

图 2.2-7 两向斜交斜放网架

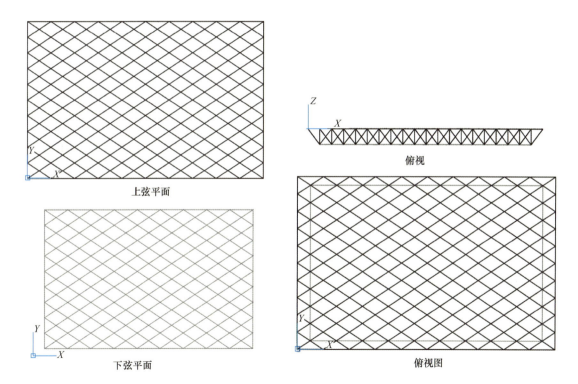

图 2.2-8 各个视角的布置

4. 三向网架

如图 2.2-9 所示。它由三个方向的平面桁架相互交叉而成，其相互交叉的角度成 60°。网架的节点处均有一根三个方向平面桁架共用的竖杆，如图 2.2-10 所示。这类网架的网格一般呈正三角形。由于各个方向桁架的跨度及节间数各不相同，故各榀桁架的刚度也各异，整个网架的刚度也较大。但是，三向网架每个节点处汇交的杆件数量较多，最多达13根，故节点构造比较复杂。图 2.2-11 是它在各个视角的布置，读者可以体会其在三维空间中的特点。

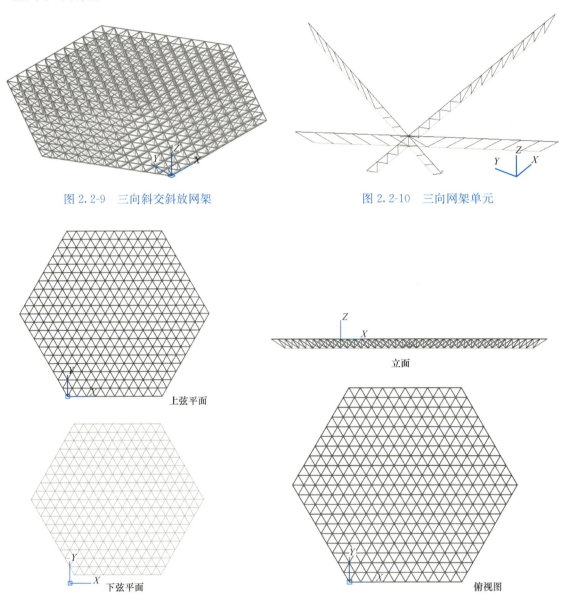

图 2.2-9　三向斜交斜放网架　　　　　图 2.2-10　三向网架单元

图 2.2-11　各个视角的布置

5. 单向折线形网架

如图 2.2-12 所示。它是由一系列平面桁架互相倾斜交成 V 形而构成（图 2.2-13）。也可以看作将正放四角锥网架取消了纵向的上下弦杆，因此呈单向受力状态。但它比单纯的平面桁架刚度大，不需要布置支撑体系。由于它主要呈单向受力状态，故适宜在较狭长的建筑平面中采用。图 2.2-14 是它在各个视角的布置，读者可以体会其在三维空间中的特点。

第 2 章 平板网架结构 3D3S 计算分析与设计

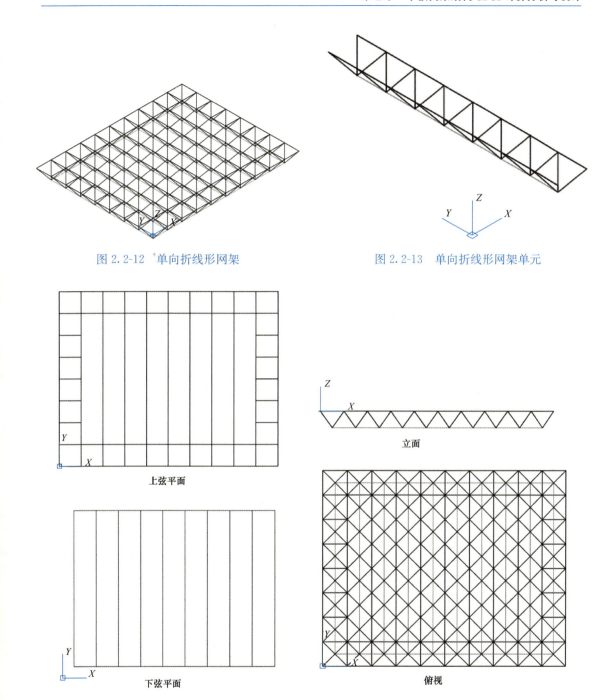

图 2.2-12 单向折线形网架

图 2.2-13 单向折线形网架单元

图 2.2-14 各个视角的布置

二、四角锥体系网架

1. 正放四角锥网架 （图 2.2-15）

它是以倒置的四角锥体为组成单元（图 2.2-16），将各个倒置的四角锥体的底边相连，再将锥顶用与上弦杆平行的杆件连接起来，即形成正放四角锥网架。这种网架的上下弦杆均与建筑物轴线平行或垂直，而且没有垂直腹杆。正放四角锥网架的每个节点均汇交八根杆件。网架中，不但上弦杆与下弦杆等长，而且如果网架斜腹杆与下弦平面夹角成45°，则网架全部杆件的长度均相等。

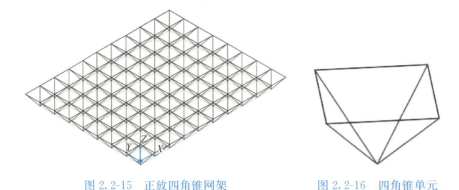

图 2.2-15　正放四角锥网架　　　　图 2.2-16　四角锥单元

正放四角锥网架受力比较均匀，空间刚度也比其他四角锥网架以及两向网架要大。同时，由于网格相同也使屋面板的规格减少，并便于起拱和屋面排水处理。这种网架在国内外得到了广泛的应用，特别是一些在工厂制作的定型化网架，都以四角锥作为预制单元，然后拼成正放四角锥网架。图 2.2-17 是它在各个视角的布置，读者可以体会其在三维空间中的特点。

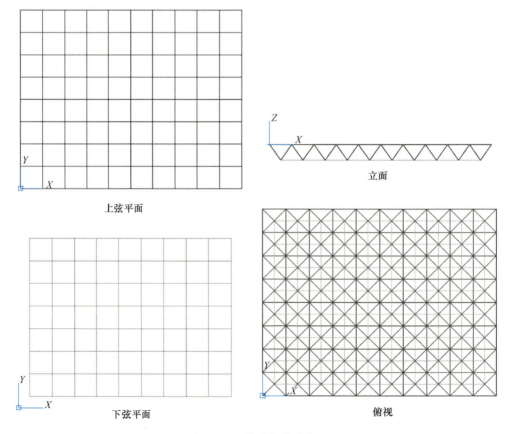

图 2.2-17　各个视角的布置

2. 正放抽空四角锥网架

如图 2.2-18 所示。它的组成方式与正放四角锥网架基本相同，除周边网格中的锥体不变动外，其余网格可根据网架的支承情况有规律地抽掉一些锥体而成。正放抽空四角锥网架杆件数目较少、构造简单，经济效果较好。但是，网格抽空后，下弦杆内力增大且差别较大，刚度也较正放四角锥网架小些，故一般多在轻屋盖及不需要设置顶棚的情况下采用。图 2.2-19 是它在各个视角的布置，读者可以体会其在三维空间中的特点。

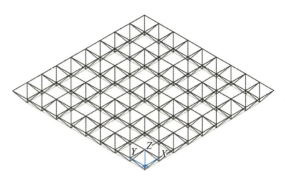

图 2.2-18 正放抽空四角锥网架

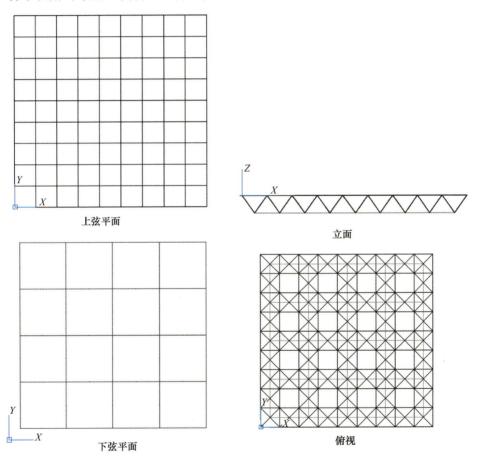

图 2.2-19 各个视角的布置

3. 斜放四角锥网架

如图 2.2-20 所示。它的组成单元也是倒置的四角锥体，与正放四角锥网架的不同之处是四角锥体底边的角与角相接。这种网架的上弦网格呈正交斜放，而其下弦网格则与建筑轴线平行或垂直呈正交正放。

斜放四角锥网架的上弦杆短而下弦杆长。一般情况下，网架的上弦承受压力、下弦承受拉力，因此这种网架受力合理，能充分发挥杆件截面的作用，耗钢量也较省。这种网架每个节点汇交的杆件也最少，上弦节点处六根，下弦节点处八根，因而节点构造简单。在周边支承的正方形或接近正方形的矩形平面屋盖中采用时，能充分发挥其优点。目前，国内工程中这是一种应用相当广泛的网架。图 2.2-21 是它在各个视角的布置，读者可以体会其在三维空间中的特点。

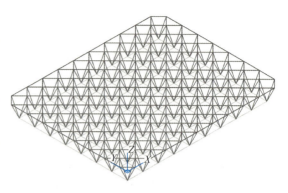

图 2.2-20　斜放四角锥网架

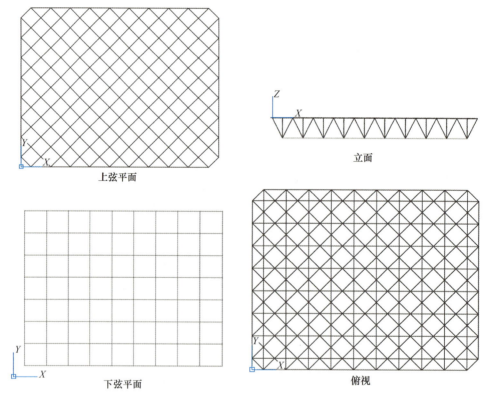

图 2.2-21　各个视角的布置

4. 棋盘形四角锥网架

如图 2.2-22 所示。它的形状与国际象棋的棋盘相似，其组成单元也是倒置的四角锥体。其构成原理与斜放四角锥网架基本相同，是将斜放四角锥网架水平转动 45°而成。因此，其上弦杆为正交正放，下弦杆为正交斜放。棋盘形四角锥网架也具有上弦杆短、下弦杆长的特点。在周边布置成满锥的情况下，刚度也较好。它具有斜放四角锥网架的全部优点，而且屋面构造简单。图 2.2-23 是它在各个视角的布置，读者可以体会其在三维空间中的特点。

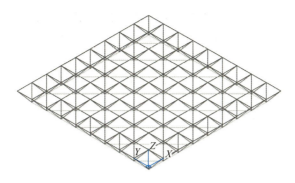

图 2.2-22 棋盘形四角锥网架

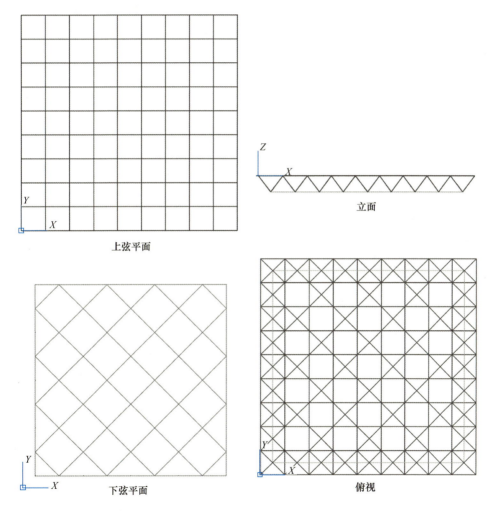

图 2.2-23 各个视角的布置

5. 星形四角锥网架

如图 2.2-24 所示。它的组成单元体由倒置的三角形小桁架正交形成，如图 2.2-25 所示。在交点处有一根共用的竖杆，形状像一个星体。将单元体的上弦连接起来即形成网架的上弦，将各星体顶点相连即为网架的下弦。上弦杆呈正交斜放，下弦杆呈正交正放，网架的斜腹杆均与上弦杆位于同一直平面内。星形四角锥网架的上弦杆短、下弦杆长，受力合理。竖杆受压，其内力等于上弦节点荷载。但其刚度稍差，不如正放四角锥网架。一般适用于中小跨度的周边支承屋盖。图 2.2-26 是它在各个视角的布置，读者可以体会其在三维空间中的特点。

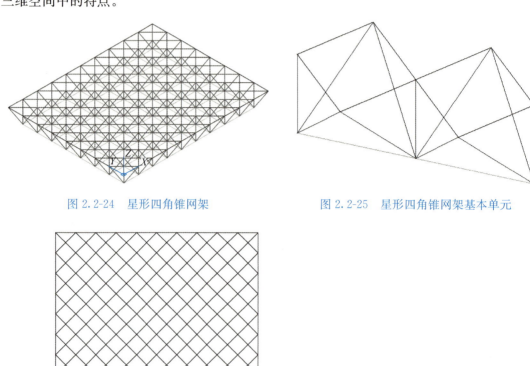

图 2.2-24　星形四角锥网架　　　　　图 2.2-25　星形四角锥网架基本单元

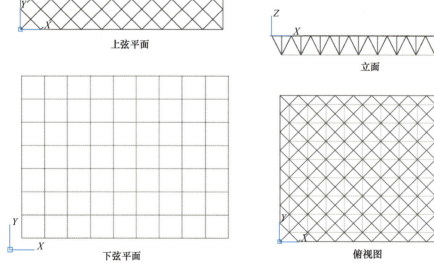

图 2.2-26　各个视角的布置

三、 三角锥体系网架

它以倒置的三角锥体为其组成单元,锥底为等边三角形。将各个三角锥体底面互相连接起来,即为网架的下弦;锥顶用杆件相连,即为网架的上弦。三角锥体的三条棱即为网架的斜腹杆。在这种单元组成的基础上,有规律地抽掉一些锥体或改变一下三角锥体的连接方式,就有以下三种三角锥体系网架。

1. 三角锥网架 (图 2.2-27)

由倒置的三角锥体(图 2.2-28)组合而成。其上下弦网格均为正三角形。倒置三角锥的锥顶位于上弦三角形网格的形心。三角锥网架一般适用于大中跨度及重屋盖的建筑物。当建筑平面为三角形、六边形或圆形时,最为适宜。图 2.2-29 是它在各个视角的布置,读者可以体会它在三维空间中的特点。

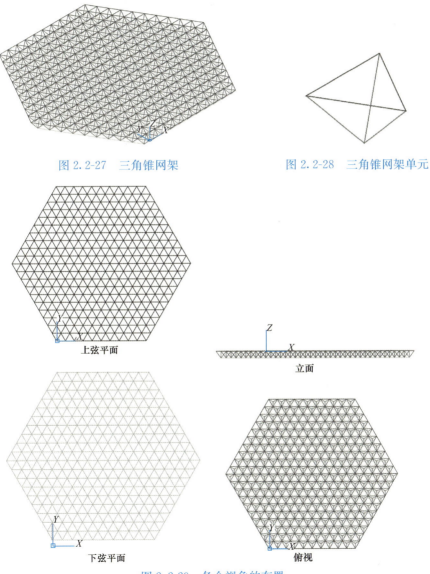

图 2.2-27 三角锥网架   图 2.2-28 三角锥网架单元

图 2.2-29 各个视角的布置

2. 抽空三角锥网架（图 2.2-30）

它是在三角锥网架的基础上，有规律地抽去部分三角锥而成。其上弦仍为正三角形网格，而下弦网格则因抽锥规律的不同而有不同的形状。由于抽空三角锥网架抽掉杆件较多，它的刚度不如三角锥网架。为增强其整体刚度，各种抽空三角锥网架的周边布置成满锥，即周边网格不抽，从第二层开始按上述规律抽锥。图 2.2-31 是它在各个视角的布置，读者可以体会其在三维空间中的特点。

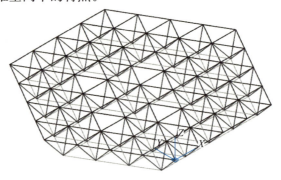

图 2.2-30 抽空三角锥网架

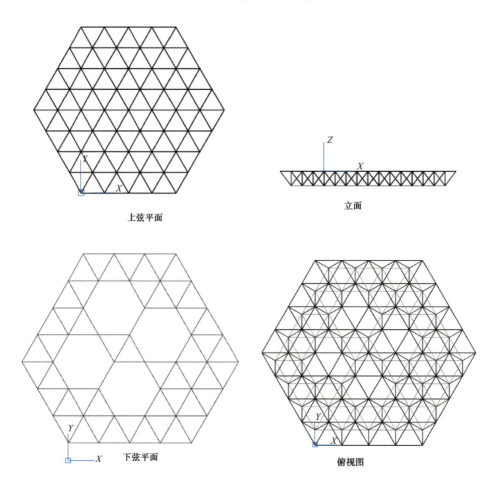

图 2.2-31 各个视角的布置

3. 蜂窝形三角锥网架（图 2.2-32）

它由倒置的三角锥体组成，但其排列方式与前面所述的两种三角锥网架不同。它将各倒置三角锥体底面的角与角相接（图 2.2-33），因此其上弦网格是有规律排列的三角形和六边形。由于其图形与蜜蜂的蜂巢相似，故称为蜂窝形三角锥网架。这种网架的下弦网格呈单一的六边形。其斜腹杆与下弦杆位于同一垂直平面内，每个节点有六根杆件交汇，蜂窝形三角锥网架的上弦短、下弦长，受力比较合理。在各类网架中，它的杆件数和节点数都比较少。在轻屋盖的中小跨度屋盖上采用，能收到较好的经济效果。图 2.2-34 是它在各个视角的布置，读者可以体会它在三维空间中的特点。

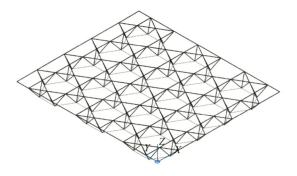

图 2.2-32 蜂窝形三角锥网架

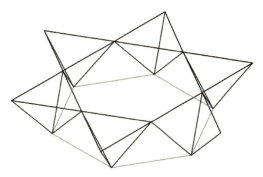

图 2.2-33 蜂窝形三角锥网架单元

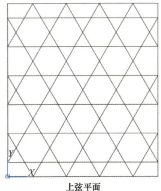

上弦平面

立面

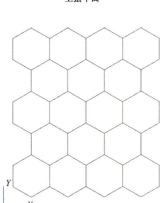

下弦平面

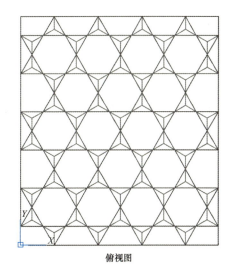

俯视图

图 2.2-34 各个视角的布置

以上就是三大类网架十三种常规布置的介绍,读者结合各个类型的三维图形仔细体会每种类型的特点。

2.2.2　网架的跨度和支承类型

从跨度的角度看,网架分五类,如下所示:
1) 小跨度网架:$L<30m$;
2) 中跨度网架:$30m<L<60m$;
3) 大跨度网架:$60m<L<90m$(120m);
4) 特大跨度网架:$90m$(120m)$<L<150m$(180m);
5) 超大跨度网架:$L>150m$(180m)。

中小跨度网架以双层为主,大跨及以上网架以三层为主。

从支承的角度看,网架分五类,如下所示:
1) 周边支承;
2) 点支承;
3) 周边支承加点支承;
4) 三边支承或两边支承;
5) 单边支承(悬挑)。

网架结构不是单独孤立的存在,它需要下部结构的支承。通常,实际项目中前三种类型的支承形式较多,后面两种是结构读者的"无奈之举"。

2.2.3　网架结构的选型

上一节详细介绍了网架的十三大类型,在实际项目中具体选择哪种类型的网架,除了考虑建筑功能之外,结构读者需要从结构专业的角度进行方案比选。一般情况应选择几个方案经优化设计而确定。在优化设计中,不能单纯考虑耗钢量,应考虑杆件与节点间的造价差别、屋面材料与围护结构费用、安装费用、结构的整体刚度、网架的外观效果等综合经济指标。

对于周边支承情况的矩形平面,当其边长比小于或等于1.5时,宜考虑选用斜放四角锥网架、棋盘形四角锥网架、正放抽空四角锥网架,也可考虑选用两向正交斜放网架、两向正交正放网架。正放四角锥网架耗钢量较其他网架高,但杆件标准化程度比其他网架好,结构的整体刚度及网架的外观效果好,是目前采用较多的一种网架形式。对于中小跨度,也可选用星形四角锥网架和蜂窝形三角锥网架。当边长比大于1.5时,宜选用两向正交正放网架、正放四角锥网架和正放抽空四角锥网架。当平面狭长时,可采用单向折线形网架。

对于点支承情况的矩形平面,宜采用两向正交正放网架、正放四角锥网架、正放抽空四角锥网架。

对于平面形状为圆形、多边形等,宜选用三向网架、三角锥网架、抽空三角锥网架。由于三角锥网架的整体刚度及网架的外观效果好,也是目前采用较多的一种网架形式。

表2.2-1是某大学教材中给出的某正方形周边支承网架的用钢量和挠度对比,读者可以参考。

各类型网架用钢量对比 表 2.2-1

网架类型	24m跨		48m跨		72m跨	
	用钢量/(kg/m²)	挠度/mm	用钢量/(kg/m²)	挠度/mm	用钢量/(kg/m²)	挠度/mm
两向正交正放	9.3	7	16.1	21	21.8	32
两向正交斜放	10.8	5	16.1	19	21.4	32
正放四角锥	11.1	5	17.7	18	23.4	30
斜放四角锥	9.0	5	14.8	16	19.3	29
棋盘型四角锥	9.2	7	15.0	22	21.0	33
星型四角锥	9.9	5	15.5	16	21.1	30

总之，网架的选型要结合建筑平面形状、跨度大小、网架支承形式、荷载大小、屋面构造和材料、制作安装方法综合考虑。从结构设计的角度出发，中小跨度的网架可以考虑四角锥体系，涉及用钢量优化可以考虑抽空的四角锥体系；大跨度的网架和多边形网架可以考虑三角锥体系。主体结构的造价在整个项目中的占比有限，空间钢结构在实际项目中要有足够的冗余度，不宜过度优化，忽视安全，追求规范下限。

《空间网格结构技术规程》JGJ 7—2010（以下简称《网格规程》）第 3.2.11 条公式如下所示，可以用来帮助读者在方案阶段估算网架的含钢量，作为方案选型的一个参考指标。

$$g_{ok} = \sqrt{q_w L_2}/150 \tag{3.2.11}$$

式中：g_{ok}——网架自重荷载标准值（kN/m²）；

q_w——除网架自重以外的屋面荷载或楼面荷载的标准值（kN/m²）；

L_2——网架的短向跨度（m）

2.2.4 网架结构的几何尺寸

网架结构的几何尺寸重点是两个，一个是高度，一个是网格尺寸。高度影响因素有：屋面荷载和设备、平面形状、支承条件；网格尺寸影响因素有：屋面材料（有檩不超过 6m、无檩 2~4m）、与网架高度的比例。

表 2.2-2 是考虑以上因素后，网架结构几何尺寸选型参考。

2.2.4 网架结构的几何尺寸

网架结构几何尺寸选型参考 表 2.2-2

网架形式	钢筋混凝土屋面体系		钢檩条体系	
	网格数	跨高比	网格数	跨高比
两向正交正放网架，正放四角锥网架，正放抽空四角锥网架	(2~4)+0.2L_2	10~14	(6~8)+0.07L_2	(13~17)~0.03L_2
两向正交斜放网架，棋盘形四角锥网架，斜放四角锥网架，星形四角锥网架	(6~8)+0.08L_2			

注：1. L_2 为网架短向跨度，单位为 m。

2. 当跨度在 18m 以下时，网格数可适当减少。

有了上面的知识储备之后，我们结合案例进行 3D3S 的实际操作。

2.3 平板网架结构 3D3S 软件实际操作

2.3.1 网架结构 3D3S 整体操作流程

2.3.1 网架结构 3D3S整体操作流程

网架结构的 3D3S 全流程计算，我们结合实际工程经验，总结为九步，分别是：①网架模型骨架；②网架模型加载；③网架模型计算；④结果分析；⑤模型设计验算（调整截面、验算截面）；⑥节点设计；⑦支座设计；⑧计算书整理；⑨施工图。

本小节介绍①～③部分的内容，属于前处理部分。下面，我们按照这个思路进行介绍。

2.3.2 网架模型骨架创建

空间结构的模型创建一般有两大思路：一类是借助 3D3S 本身自带的网架模块进行创建；一类是从其他软件导入，一般用 Grasshopper 参数化建模导入效率更高。关于参数化 Grasshopper 的知识，读者可以阅读笔者出版的另一本书籍《Grasshopper 参数化结构设计入门与提高》进行学习。本案例考虑到是本书第一个入门案例，所以我们用传统的第一类方法进行设计。

第一步，打开 3D3S 软件。

进入网架网壳的设计模块，如图 2.3-1 所示。

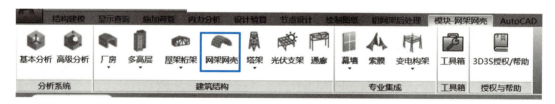

图 2.3-1 网架网壳模块

第二步，截面库的选择。

如图 2.3-2 所示。这里，对一般项目而言，几种截面库都可以选择，一般国内的网架网壳生产商多起源于南方，所以软件自带很多南方厂家的截面库供大家选择。

第三步，网架网壳模型搭建。

如图 2.3-3 所示。几何尺寸的估算可以根据表 2.2 的内容进行估算确定。建议在方案阶段对不同的高度和网格尺寸进行对比试算，综合确定。

点击确认，三维模型如图 2.3-4 所示。这里提醒读者，第一种方式建模的缺点就

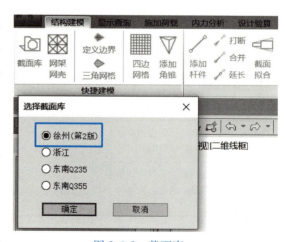

图 2.3-2 截面库

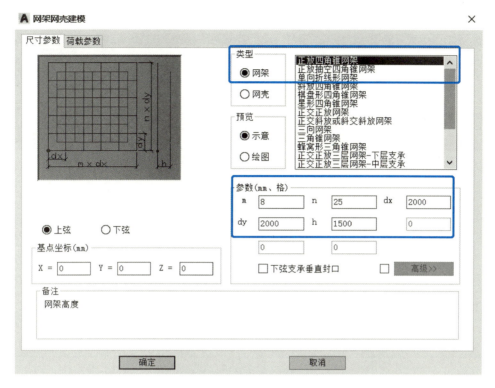

图 2.3-3 截面尺寸确定

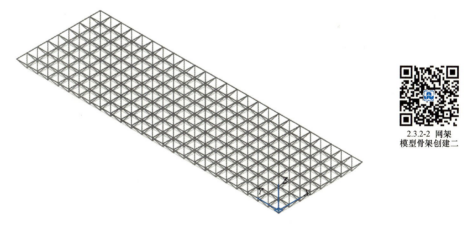

图 2.3-4 网架三维模型

是后期调整高度和网格尺寸受限,需要重新导入计算。如果是复杂的网架,此种方法几乎无法满足设计需求,建议用第二种方法创建。

对于上面创建好的模型,可以通过拉伸等命令微调部分网格的位置,符合实际需求。

第四步,网架支座约束的定义。

如图 2.3-5 所示。之前,我们介绍过 3D3S 重点是对空间钢结构部分的内容进行计算,整体计算可以借助 YJK 或者迈达斯等软件实现。此步的支座约束重点是模拟下部结构。在方案阶段,我们简单地用铰接支座先对其进行模拟,后面通过结果分析来阐述更多支座模拟相关的内容。

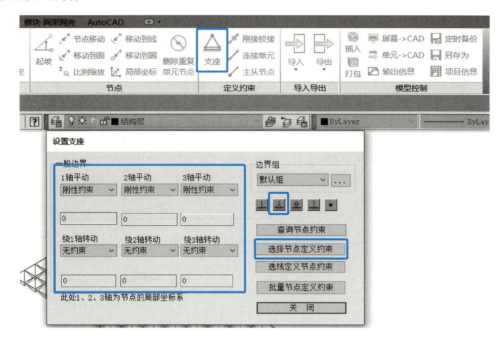

图 2.3-5　支座约束

在定义支座约束时，考虑到模型的空间属性，不容易捕捉需要的节点，这时应充分利用"3do"的命令进行旋转；以及部分显示的功能，如图 2.3-6 所示，对上弦杆件进行显

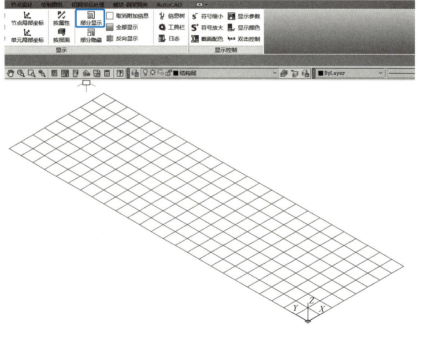

图 2.3-6　部分显示

示,方便定义支座约束。

定义好的支座约束如图 2.3-7 所示。

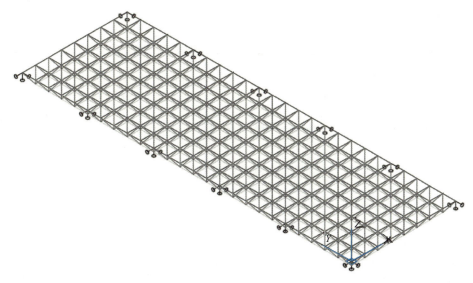

图 2.3-7 定义支座后的网架

至此,模型骨架创建完毕。

2.3.3 网架模型加载

网架结构的荷载分五大工况,分别是恒荷载、活荷载(雪荷载取大)、风荷载、地震作用和温度作用。

第一步,先对恒、活、风荷载进行工况定义。

如图 2.3-8 所示。

2.3.3-1 网架模型加载一

图 2.3-8 荷载工况定义

25

第二步，定义导荷范围。

首先，对恒、活荷载进行数值和方向定义，如图 2.3-9 所示。

活荷载除了考虑半跨荷载，还考虑下弦杆件的吊挂荷载。实际项目可以根据具体数值进行输入。

2.3.3-2 网架模型加载二

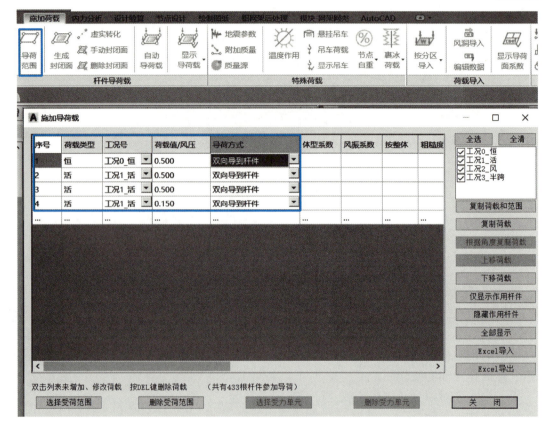

图 2.3-9　定义导荷类型

通过选择集的方式，快速选择显示网架的上弦杆、下弦杆，分别选择受荷范围，如图 2.3-10 所示。

其次，风荷载的定义。在进行风荷载定义之前，需要做一个辅助工作。为了更准确地考虑风压高度变化系数的影响，模拟风荷载更符合实际受力情况，将屋盖移动到合适的高度，可以做一个辅助线进行移动，如图 2.3-11 所示。

双击荷载添加对话框，选择风荷载工况。本案例只考虑风吸力的主控作用，读者需要根据自己的实际项目确定其他方向的风荷载作用。图 2.3-12 是风荷载的对话框。

在上面对话框中，提醒读者一般项目按照荷载规范进行风荷载计算即可。另外一点是关于风荷载的方向问题。

推荐读者通过内部参考点来确定风荷载的方向，具体说明如下：

内部参考点坐标：根据结构内部的任意一点（可以是已知节点，也可以不是节点），可以确定所选面的外法线方向。主要用于确定风荷载的方向。若体型系数>0，则受风荷方向与外法线方向相反，受风压力；若体型系数<0，则受风荷方向与外法线方向相同，受风吸力。内

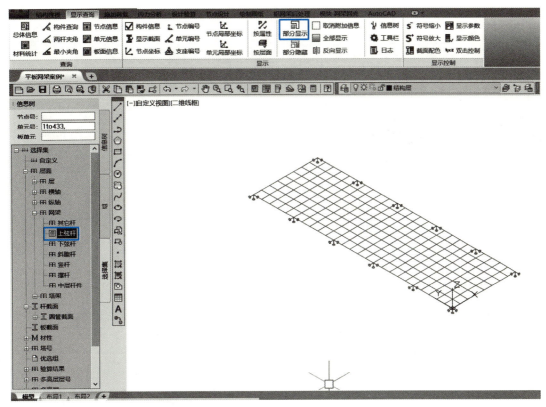

图 2.3-10　部分显示杆件添加受荷范围

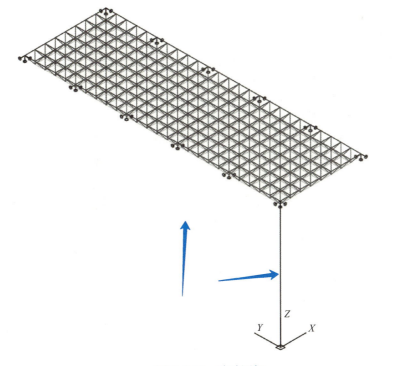

图 2.3-11　移动网架

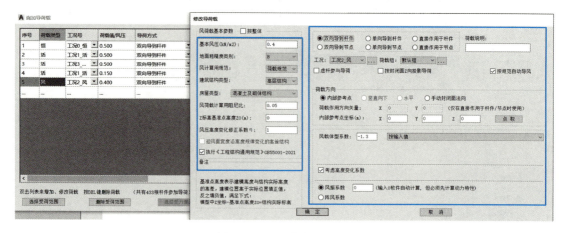

图 2.3-12 风荷载对话框

部参考点坐标可以手动输入,也可以按"点取"按钮在屏幕上选取,如图 2.3-13 所示。

对由封闭四边形 1、2、3、4 组成的区域,存在风压力(方向如箭头所示)。

事先输入的风载体型系数为正数 0.8,表示对 1、2、3、4 区域为压力。这时,软件就需要内部参考点来判断压力荷载是朝什么方向的。点取 p 点来指定建筑物内部的一点,那么软件可以自动导得正确的荷载方向。

如果点取了 p' 点,虽然 p' 不在建筑物内部,对 1、2、3、4 区域导风荷载的结果是一

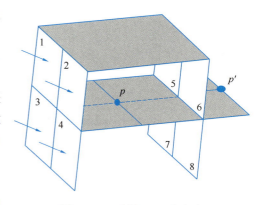

图 2.3-13 封闭面和参考点

样的,结果也是对的;但对 5、6、7、8 区域导风荷载的方向就不对了,即填入体型系数为 0.8,导出来的风荷载却是吸力。

因此实际项目中,推荐屋盖类的结构可以选取内部点为参考点,然后输入负的体型系数,这样屋盖即为吸力。当然,读者明白原理后,也可自行设置正负号,最终的风荷载导入方向正确即可。

风载体型系数:一般结构的体型系数见《建筑结构荷载规范》GB 50009—2012(以下简称《荷载规范》)第 8.3 条。特种结构的体型系数见各相应规程,比如高耸塔桅结构的体型系数见《高耸结构设计标准》GB 50135—2019 第 4.2.7 条。一些重要的结构的体型系数应根据风洞试验实际测定得到。

注意:软件中,体型系数为正不一定就是风压,体型系数负数不一定为风吸。风荷载的方向垂直于封闭面,与体型系数正负及内部参考点位置有关。

风振系数 β_z:见《荷载规范》第 8.4 条。如果手工输入 β_z(对不需要考虑风振的结构则输入 1),则按用户给定的风振系数计算,否则软件自行计算。由于求 β_z 需要已知结构的基本周期 T,故导风荷载需要在进行完地震自动计算后进行;

阵风系数 β_{gz}:在进行围护结构设计时,用阵风系数替代风振系数,软件可以根据标

高自动按照《荷载规范》第 8.1.1 条第 2 款取值；

如果需要软件自动计算，则输入 0，自动计算的数值与杆件截面大小有关系，与结构周期有关系。

所以，如果经过验算优选层截面变化操作以后，应重新计算周期，软件会自动重新执行自动导荷载命令。

上面是对于风荷载的重点说明。风荷载设置完毕后，恒、活、风三大工况已经设置完毕。

第三步，自动生成封闭面。

这一步可以认为是 3D3S 的精妙之处，优于国外的有限元软件，节约了工程师的时间，如图 2.3-14 所示。通常，图中打钩的框选部分统一生成封闭面，下半部分的框选内容常规项目按默认即可。遇到复杂的多边形项目留意边数，以得到正确的封闭面。

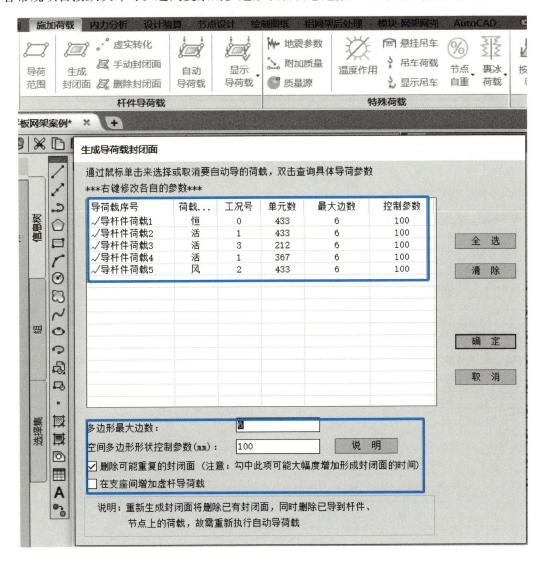

图 2.3-14　自动生成封闭面

点击确认后，即可看到封闭面完成的对话框，如图 2.3-15 所示。一般而言，项目封闭面生成非常快，本项目用了不到 1s 的时间。

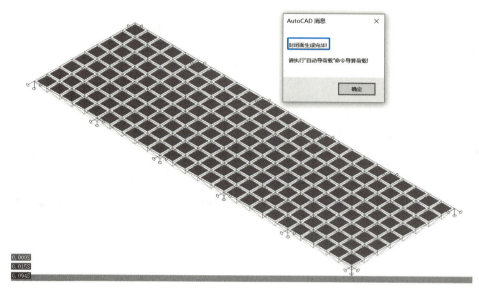

图 2.3-15　封闭面生成完毕

第四步，进行自动导荷载。

如图 2.3-16 所示。由于结构尚未进行整体计算，所以风荷载部分计算不准确，需要完毕后得到结构周期，重新进行计算。

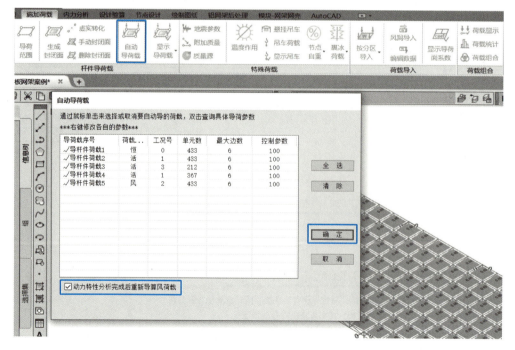

图 2.3-16　自动导荷载

第五步,查询荷载导算结果。

有两大方式可以查看,第一个方式是直接查看封闭面的方式,如图 2.3-17 所示。此种方法可以直观地感受封闭面导荷的范围是否正确,比如图中的半跨活荷载,但是具体导荷计算的数值需要借助第二种方式。

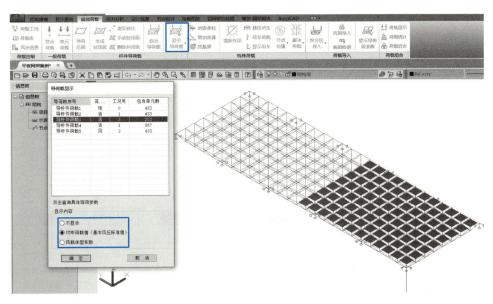

图 2.3-17　显示导荷载

第二种方式是查看导算结果的方式,如图 2.3-18 所示。这个荷载导算结果是软件进

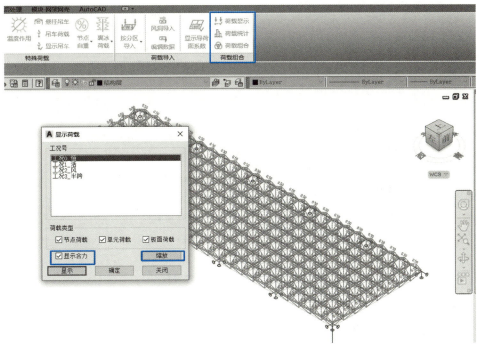

图 2.3-18　导算结果

行计算分析的实际荷载，是很有参考价值的显示。因为前面所有的工作，其实都是为了得到这个结果。读者需要留意荷载导荷是否正确。

图 2.3-19 是风荷载的导算，可以清晰地看到风荷载导算的方向。如果有问题，比如为风压力，读者可及时去前面进行符号的修改。

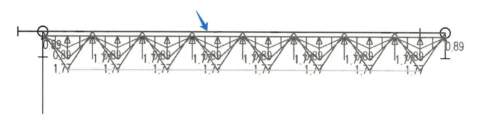

图 2.3-19 荷载的导算

第六步，地震作用的定义。

图 2.3-20 是与地震参数相关的对话框。

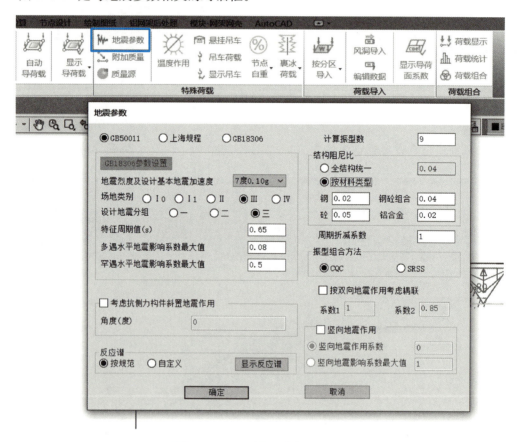

图 2.3-20 地震作用参数对话框

《网格规程》第 4.4.1 条

对用作屋盖的网架结构，其抗震验算应符合下列规定：

1 在抗震设防烈度为 8 度的地区，对于周边支承的中小跨度网架结构应进行竖向抗震验算，对于其他网架结构均应进行竖向和水平抗震验算；

2 在抗震设防烈度为9度的地区，对各种网架结构应进行竖向和水平抗震验算。

关于对话框中涉及结构的阻尼比，说明如下：

结构阻尼比：用于确定地震影响系数，根据抗震规范相应条文取值。软件给出了两种定义阻尼比。

方式：全结构统一阻尼比、按材料类型进行自动加权计算阻尼比。一般结构的阻尼比可参考下值：

钢结构屋盖：参见《网格规程》第4.4.10条；

混凝土结构：0.05；

钢结构框架的阻尼比：参见《建筑抗震设计标准》GB/T 50011—2010（以下简称《抗标》）第8.2.2条；

钢屋盖和下部结构协同分析：参见《抗标》第10.2.8条；

混凝土核心筒-钢（型钢混凝土）框架：参见《高层建筑混凝土结构技术规程》JGJ 3—2010（以下简称《高规》）第11.3.5条；

计算振型数：缺省值为15，建议空间结构采用。平面结构建议取6。对于杆件数、节点数较多的结构，可以根据需要适当减少振型数。最终衡量目标是Z向的质量参与系数。

第七步，定义质量源。

这是计算地震作用的基础，没有质量，地震作用无法计算。图2.3-21是质量源的定义。用于确定重力荷载代表值及重力荷载代表值组合系数；确定方法可依据《抗标》第5.1.3条；仅考虑侧向质量表示计算地震作用时，仅考虑质量源对水平地震作用的贡献，竖向地震作用可以通过重力荷载方法考虑。

第八步，定义温度作用。

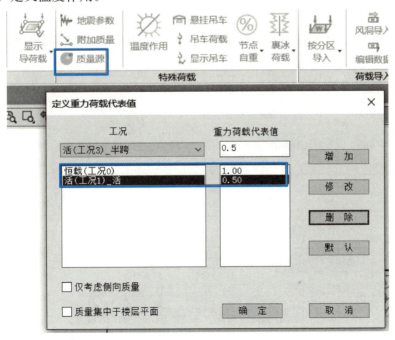

图 2.3-21　质量源

参考温度：混凝土是终凝温度，钢结构是进场温度，例如，进场 18℃，最高温度 45℃，最低温度 -8℃，那么温差为 27℃ 和 -26℃。图 2.3-22 是温度作用的定义。

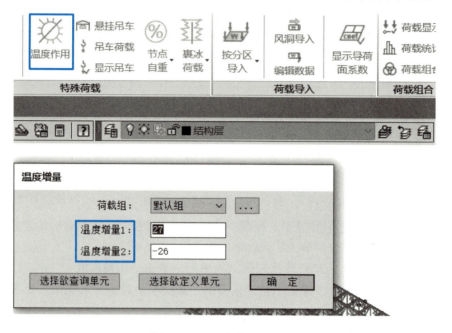

图 2.3-22　温度作用的定义

第九步，定义节点自重。

网架结构的连接节点有螺栓球和焊接空心球两类。一般工程经验，首选螺栓球节点，次选焊接空心球节点，最后特殊节点可以考虑铸钢节点。一般节点自重可以占 15%～20%。图 2.3-23 的节点自重对话框，选择全部节点进行定义。

图 2.3-23　节点自重

第十步，计算前的荷载显示检查。

这是对前面所有步骤的一个核查！图 2.3-24 可以对前面定义荷载工况进行核查。荷载检查的重点一个是方向，一个是大小。

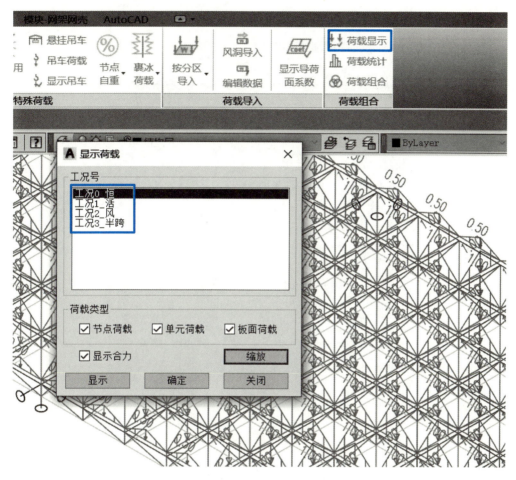

图 2.3-24　荷载工况进行核查

荷载统计是荷载检查的另一个重点。图 2.3-25 是对本案例的荷载统计，可以从概念的角度估算前面荷载添加的正确性。从数值也可以初步判断出主控荷载，方便后期重点关注。比如，本案例的风荷载吸力作用较明显，后期需要留意。

图 2.3-26 是下方的文本统计和详细信息，方便读者进一步核对之前输入荷载的具体情况。

第十一步，荷载组合。

这是模型加载的最后一步内容。图 2.3-27 是荷载组合对话框，点击图中快速生成对话框，弹出图 2.3-28 所示的对话框。点击图中框选部分，按照通用规范执行，可以快速得到本案例的荷载组合，如图 2.3-29 所示。读者可以根据实际项目，在此基础上继续添加或修改分项系数。

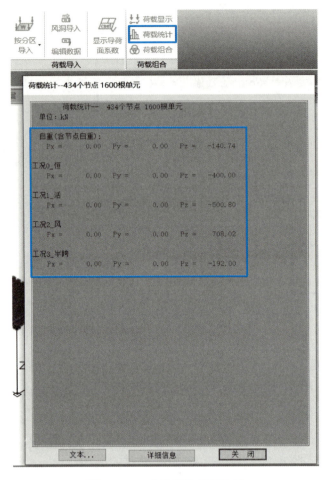

图 2.3-25　本案例的荷载统计

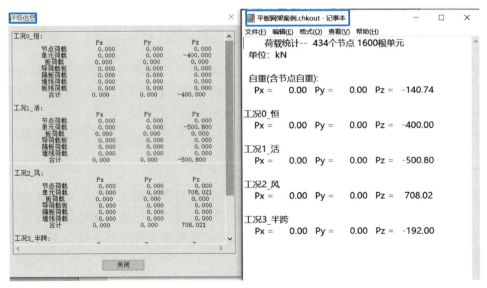

图 2.3-26　荷载文本统计和详细信息

图 2.3-27 荷载组合对话框

图 2.3-28 荷载组合生成对话框

图 2.3-29 本案例荷载组合

2.3.4 网架模型计算

网架结构的模型计算的第一步是要对结构类型进行设置，如图 2.3-30 所示。它对自由度的考虑如表 2.3-1 所示，一般项目考虑 3D 模型即可。

2.3.4 网架模型计算

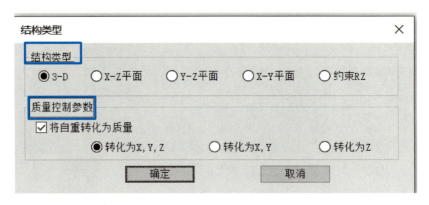

图 2.3-30　结构类型设置

不同类型对应自由度约束　　　　　　　　　　表 2.3-1

结构类型	自由度	约束自由度
3-D	X, Y, Z, Rx, Ry, Rz	无
X-Z 平面	X, Z, Ry	Y, Rx, Rz
Y-Z 平面	Y, Z, Rx	X, Ry, Rz
X-Y 平面	X, Y, Rz	Z, Rx, Ry

关于质量控制参数，主要是自重转换为质量的问题，背后是质量矩阵。质量矩阵的来源有：结构本身密度质量、节点附加质量和由荷载转化的质量。对于质量矩阵的处理，如表 2.3-2 所示。

质量控制参数　　　　　　　　　　表 2.3-2

质量控制参数	体积密度质量	节点附加质量	荷载质量
一般应转化质量方向	X, Y, Z	X, Y, Z	X, Y, Z $F_Z<0 \rightarrow m=F_z/g$ $F_Z>0 \rightarrow m=0$
定义质量源：勾选"仅考虑侧向质量"	质量方向：X, Y	质量方向：X, Y	质量方向：X, Y
不勾选"将自重转化质量"	质量方向：0	质量方向：X, Y, Z	质量方向：X, Y, Z
勾选"将自重转化质量"：转化为 X, Y, Z	质量方向：X, Y, Z	质量方向：X, Y, Z	质量方向：X, Y, Z
勾选"将自重转化质量"：转化为 X, Y	质量方向：X, Y	质量方向：X, Y, Z	质量方向：X, Y, Z
勾选"将自重转化质量"：转化为 Z	质量方向：Z	质量方向：X, Y, Z	质量方向：X, Y, Z

一般情况下，密度质量、节点附加质量和荷载质量的方向包括 X, Y, Z。在定义质量源中，勾选"仅考虑侧向质量"，则各种质量来源均不考虑 Z 方向的质量；

在"结构类型"对话框中，不勾选"将自重转化质量"，则不考虑从体积密度质量，即：刚度矩阵仅来源节点附加质量和荷载质量；

在"结构类型"对话框中，勾选"将自重转化质量"，选择转化为 X, Y, Z，则：密度质量、节点附加质量和荷载质量的方向包括 X, Y, Z；

在"结构类型"对话框中，勾选"将自重转化质量"，选择转化为 X, Y，则：密度质量仅考虑 X, Y 方向，节点附加质量和荷载质量的方向包括 X, Y, Z；

在"结构类型"对话框中,勾选"将自重转化质量",选择转化为 Z,则:密度质量仅考虑 Z 方向,节点附加质量和荷载质量的方向包括 X、Y、Z;

说明:质量本身是标量,但结构在计算中分 X、Y、Z 三个方向的自由度,由 $F=ma$,则质量也要有三个方向的质量(大小相等,且大于 0)。例如:仅考虑侧向质量(X、Y),则 $F_z=m_z a=0$,即 Z 方向质量为 0。在计算的质量矩阵中,Z 方向的质量将为 0。

建议:网架结构中,正常考虑为 X、Y、Z 方向即可。

第二步,对模型进行检查,如图 2.3-31 所示。本案例因为前面在荷载导荷时是导荷到杆件上,因此提示有梁单元荷载,构件设计时考虑弯矩作用,即为压弯构件或拉弯构件。

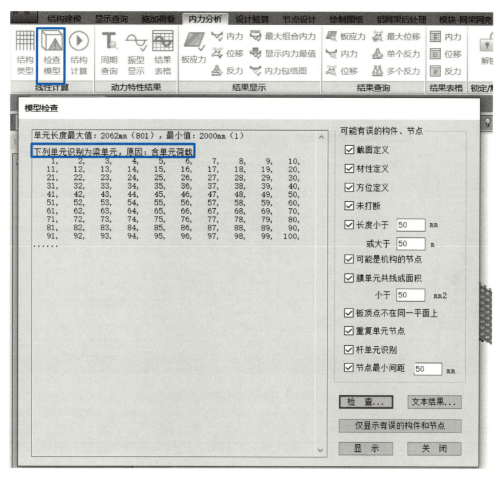

图 2.3-31 模型检查

上面检查完毕后,进行计算即可。

2.4 平板网架结构 3D3S 软件结果解读

2.4.1 网架结构 3D3S 结果分析

2.4.1-1 网架结构3D3S结果分析一

在进行结果分析之前,需要进行杆件初选的工作,因为前面我们生成的网架是软件默认的截面,这时查看计算结果误差很大,因此借助后面的截面筛选功能进行优选。

第一步,进入设计验算模块。

如图 2.4-1 所示,选择《空间网格结构技术规程》JGJ 7—2010,定义网架截面验算规范。

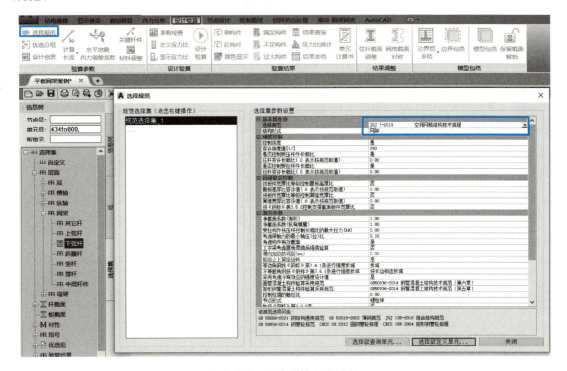

图 2.4-1 设计验算规范选择

第二步,进行截面优选分组

如图 2.4-2 所示。比如上弦、下弦共用一个截面,腹杆共用一个截面,可以对其定义相应的分组。一般实际项目中,读者可以根据项目需要定义截面库,一个中小跨度的网架截面种类一般控制在五种以内比较合适。

第三步,点击设计验算,进行截面优选。

如图 2.4-3 所示。这一步优选出的截面可以作为第一版模型截面,用于计算结果解读。不合理的地方读者在后面进行手动修改复核即可。

第四步,进行分析结果周期的查看。

主要判断是否有机构、反映结构的刚度、振型参与质量。图 2.4-4 是此模型的周期,与多高层结构不同,空间结构关注的是Z向的振型质量参与系数。原因很简单,它的竖向

第 2 章　平板网架结构 3D3S 计算分析与设计

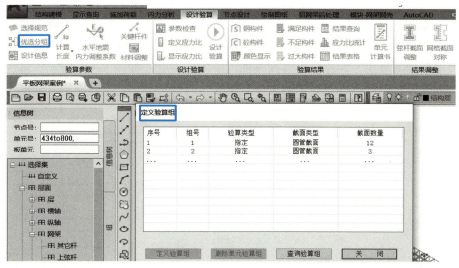

图 2.4-2　优选分组

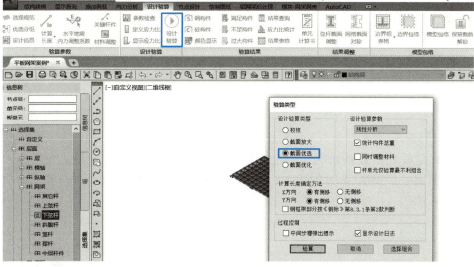

图 2.4-3　截面优选

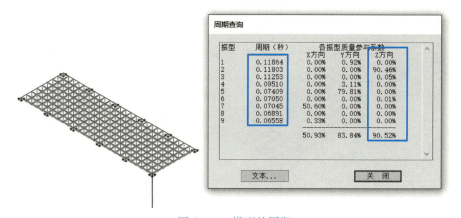

图 2.4-4　模型的周期

振动是主控因素，振型质量参与系数决定了地震作用计算的参与程度是否达标，一般项目尽量控制在 90% 以上。

这里经常会遇到一个问题，就是振型质量参与系数不够怎么办？解决方法是改变计算方法，采用利兹向量法，在计算参数高级选项中进行设置，如图 2.4-5 所示。将你需要达标的方向进行勾选，即可得到理想的振型质量参与系数。

图 2.4-5　利兹向量法

图 2.4-6 是 Z 向的振动情况，通过振型显示可以很好地查看结构的振动情况。特别是有一些周期偏大的振型，有利于发现振动较大的位置，进一步帮助读者分析原因。

2.4.1-2 网架结构3D3S结果分析二

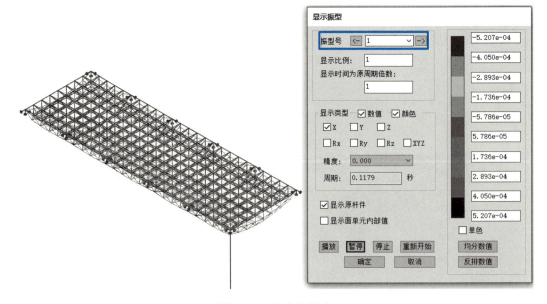

图 2.4-6　Z 向的振动

图 2.4-7 是模态结果表格。此功能不得不说是 3D3S 人性化的地方，相对于其他软件，它的后处理显示确实方便，可以导出 Excel，供读者直接进行进一步的分析。

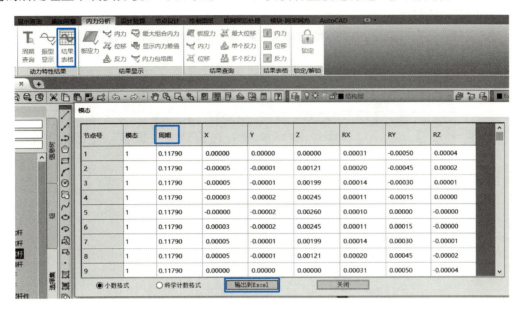

图 2.4-7　模态结果表格

第五步，进行支座反力的查看。

它的主要目的有三个：判断支座假定是否合理；为下部结构设计提供依据；判断荷载的准确性。

图 2.4-8 是图形的模式显示支座反力的方法，可以清晰地看到每个支座在每种工况下的支座反力。

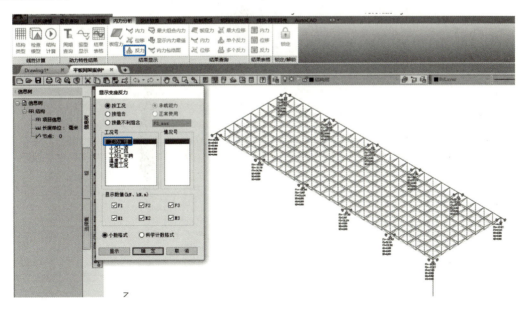

图 2.4-8　图形的模式显示支座反力

图 2.4-9 是以表格的形式显示支座反力，此种方法非常适合给下部结构的读者提供荷载，一般勾选"最不利支座反力"。图 2.4-10 是显示的详细结果，读者可以根据需要导出到 Excel 中进行核对。

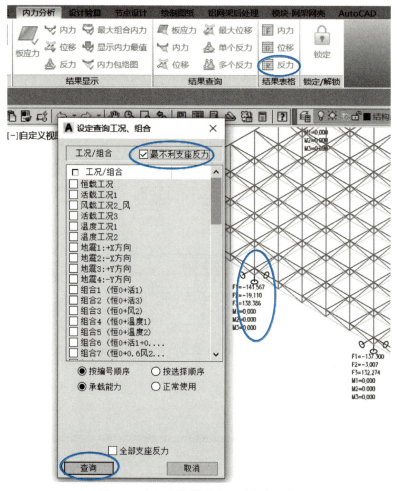

图 2.4-9　以表格的形式显示支座反力

节点号	控制	组合号	情况号	N1(kN)	N2(kN)	N3(kN)	M1(kN·M)	M2(kN·M)	M3
181	N1最大	20	1	469.01	-732.73	201.10	0.00	0.00	0.00
181	N2最大	21	1	-675.77	675.98	24.78	0.00	0.00	0.00
181	N3最大	12	1	19.72	-474.78	376.48	0.00	0.00	0.00
181	M1最大	1	1	-265.97	-35.48	259.25	0.00	0.00	0.00
181	M2最大	1	1	-265.97	-35.48	259.25	0.00	0.00	0.00
181	M3最大	1	1	-265.97	-35.48	259.25	0.00	0.00	0.00
181	合力最大	17	1	-847.94	652.68	193.29	0.00	0.00	0.00
181	N1最小	17	1	-847.94	652.68	193.29	0.00	0.00	0.00

图 2.4-10　最不利支座反力显示的详细结果

3D3S 还提供了第三种查询支座反力的方法，如图 2.4-11 所示。此种方法可以在计算阶段形象地看到每个支座最不利的支座反力，注意结合图中黑框位置查询。图 2.4-12 是支座反力方向示意，注意它是以整体坐标系作为基准的。

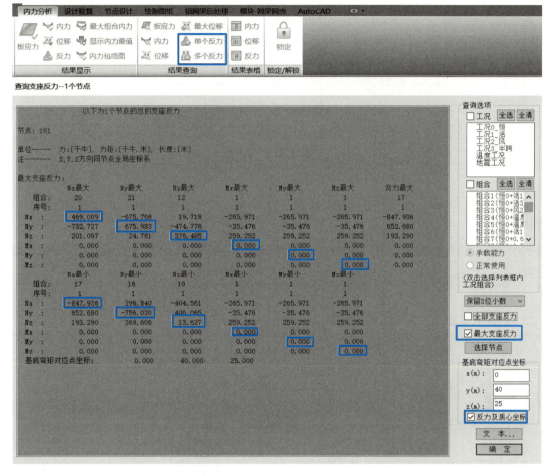

图 2.4-11　支座反力最不利显示方法

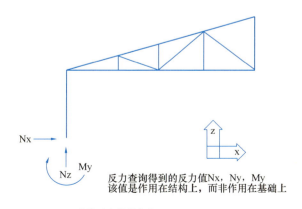

图 2.4-12　支座反力方向示意

第六步,位移的查看。

位移的背后就是刚度,是决定网架高度是否合理的一个重要因素。表 2.4-1 是《网格规程》对空间结构标准组合下的挠度规定。本项目作为屋盖结构,网架的挠度限值是 1/250。

标准组合下的挠度规定(《网格规程》) 表 2.4-1

结构体系	屋盖结构 (短向跨度)	楼盖结构 (短向跨度)	悬挑结构 (悬挑跨度)
网架	1/250	1/300	1/125
单层网壳	1/400	—	1/200
双层网壳立体桁架	1/250	—	1/125

注:对于设有悬挂起重设备的屋盖结构,其最大挠度值不宜大于结构跨度的 1/400。

图 2.4-13 是标准组合下的变形,读者可以发现它的 Z 向变形非常小,网架高度富余量很大。

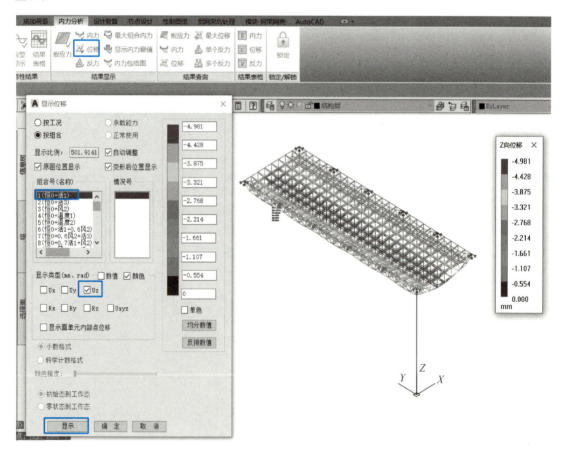

图 2.4-13 标准组合下的变形

除了观察规范规定的变形,读者同样可以查看其他工况下的变形,比如风荷载下的变形,如图 2.4-14 所示。风吸力作用下变形很小,不到 2mm。图 2.4-15 是考虑恒＋风荷载的组合,风吸力作用下,由于恒荷载的加持,变形向下,不用担心屋盖发生向上的变形。

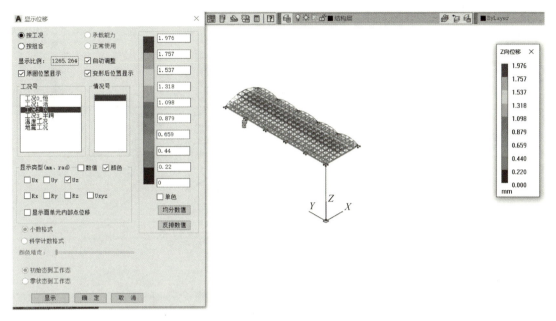

图 2.4-14 风荷载作用下变形

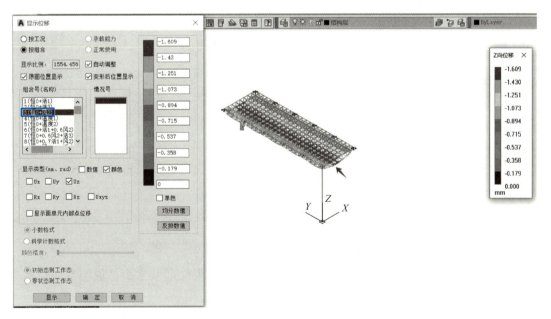

图 2.4-15 恒＋风荷载的变形

读者同样可以查看其他工况组合下的变形,来宏观判断计算分析的合理性。图 2.4-16 是升温工况下的变形,为典型的"热胀"。图 2.4-17 是降温工况下的变形,为典型的"冷缩"。仔细观察,还可以发现离支座约束越远的地方,变形越大,内力越小(后面内力部分可以留意)。

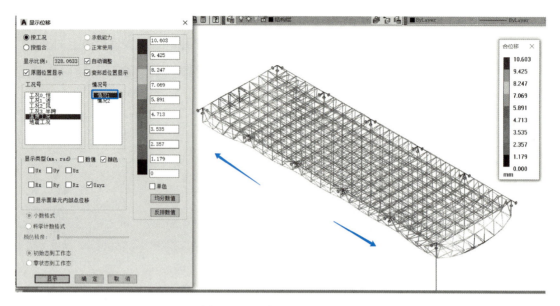

图 2.4-16 升温工况下的变形

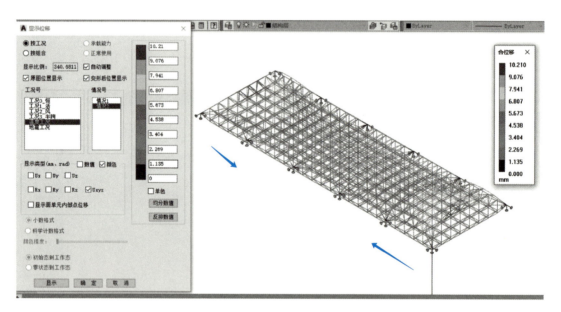

图 2.4-17 降温工况下的变形

图 2.4-18~图 2.4-21 是地震作用下的变形，可以发现变形非常小，说明空间结构地震不起控制作用。

以上是对变形的查看。需要说明的是，3D3S 软件对变形的查看感观上没有其他有限元软件好，读者可以对比其他有限元软件进行体会。

第七步，杆件内力的查看。

图 2.4-22 是恒载作用下的轴力，可以发现明显的沿短跨轴力分布，取其中一榀进行观察，图 2.4-23 所示，可以观察上下弦杆分别承受拉压力，跨中大、两边小，与简支梁的弯矩分布类似。支座附近腹杆轴力大，跨中腹杆轴力小，与简支梁的剪力图类似。

第 2 章　平板网架结构 3D3S 计算分析与设计

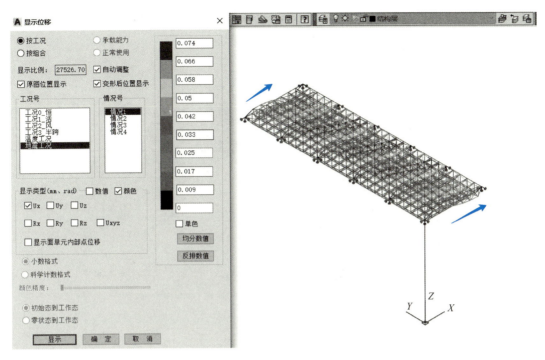

图 2.4-18　地震作用下变形 1

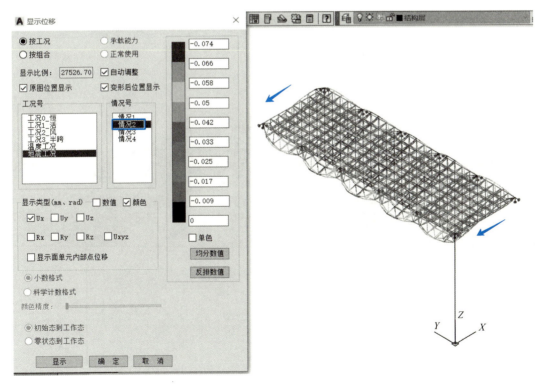

图 2.4-19　地震作用下变形 2

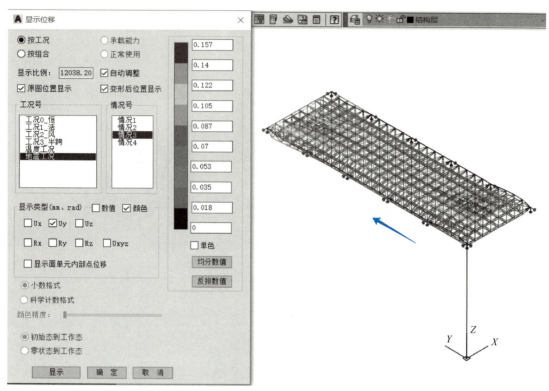

图 2.4-20　地震作用下变形 3

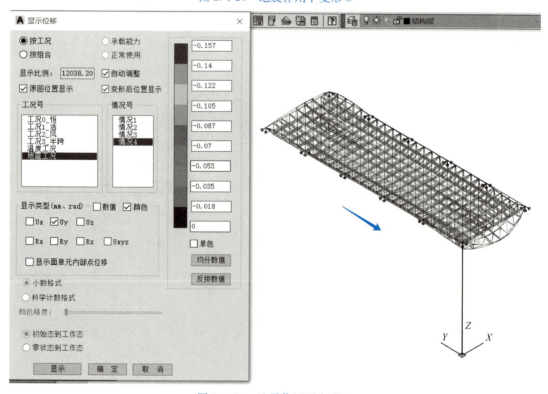

图 2.4-21　地震作用下变形 4

第2章 平板网架结构 3D3S 计算分析与设计

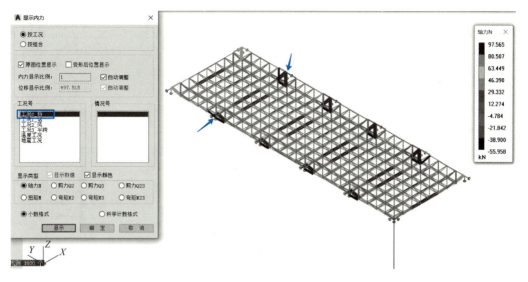

图 2.4-22　恒荷载作用下轴力

图 2.4-23　短跨典型网架轴力分布

图 2.4-24 是杆件局部弯矩分布图，结合右侧数值发现弯矩和轴力不是一个数量级，影响非常小，再一次说明网架杆件是以轴力为主的轴心受力构件。

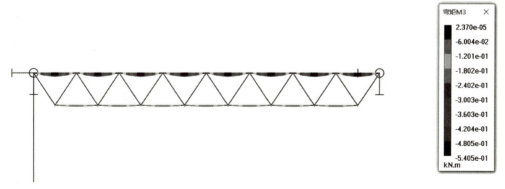

图 2.4-24　杆件局部弯矩分布图

图 2.4-25 是网架在风荷载作用下的轴力分布。与恒荷载相比，风荷载单工况作用下轴力发生反向。图 2.4-26 是短跨方向部分网架轴力分布，无论从数值还是方向上均与恒荷载下不一样，间接说明软件计算结果的合理性。

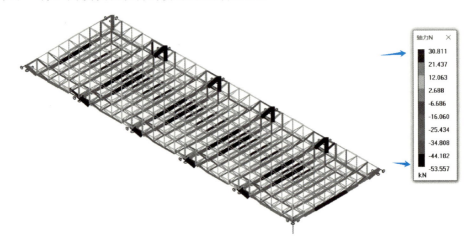

图 2.4-25　网架在风荷载作用下的轴力

图 2.4-26　短跨方向部分网架轴力分布

图 2.4-27 和图 2.4-28 分别是全跨活荷载和半跨活荷载的内力分布，读者留意整体上数据的变化，可以明白为何要考虑半跨活荷载了。

图 2.4-29～图 2.4-32 是地震作用下的轴力分布，标签栏中的数值和其他工况相比，根本不在一个数量级，进一步说明空间钢结构一般地震作用不起主控作用（注意不是不考虑）。

最后，内力观察部分我们查看温度作用下的轴力分布，如图 2.4-33 所示。可以发现升温下产生"热胀"变形。支座的存在约束它的变形，产生轴压力。约束越强的地方，压力越大。体会图中支座周围，沿外圈形成了一道"紧箍咒"，约束住了网架的变形。

图 2.4-34 是降温下的轴力分布。可以发现，降温下的"冷缩"变形，支座的存在约束它的变形，产生轴拉力。约束越强的地方，拉力越大。体会图中支座周围，沿外圈形成了一道"紧箍咒"，约束住了网架的变形。

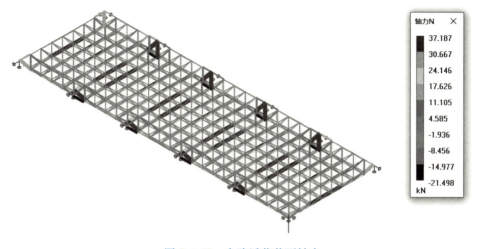

图 2.4-27　全跨活荷载下轴力

图 2.4-28　半跨活荷载下轴力

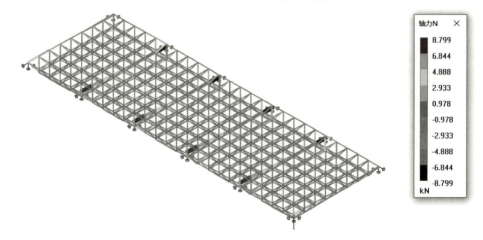

图 2.4-29　地震作用下轴力 1

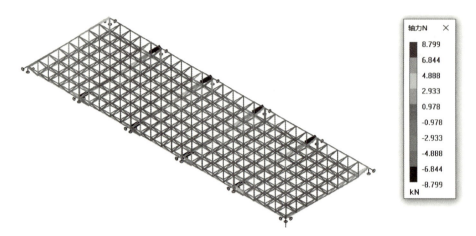

图 2.4-30　地震作用下轴力 2

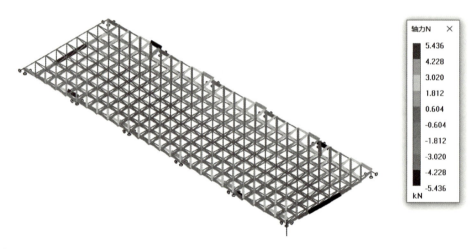

图 2.4-31　地震作用下轴力 3

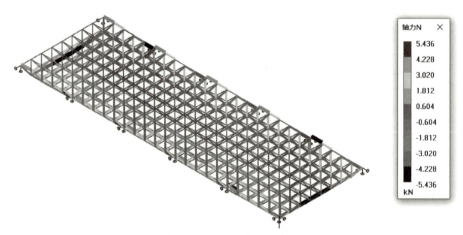

图 2.4-32　地震作用下轴力 4

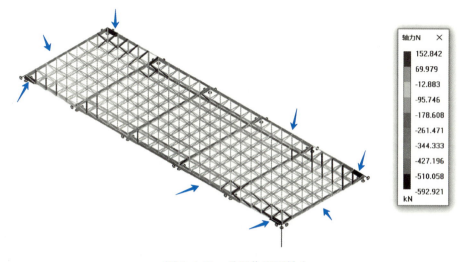

图 2.4-33 升温作用下轴力

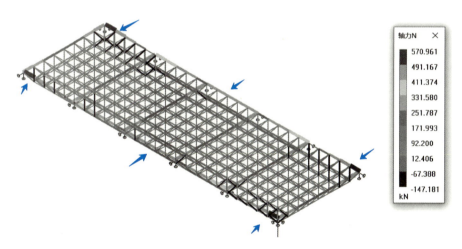

图 2.4-34 降温作用下轴力

第八步，杆件内力其他查看方式。

此步并不是必须进行的一步，读者可以根据实际项目需求进行查看，图 2.4-35 是三种其他查看方式，作者建议读者可以根据特殊的杆件通过表格查看和结果汇总的方式进行查看，如图 2.4-36 是支座处某根上弦杆，可以清晰地汇总出它在各个荷载组合下的内力，方便手算复核。

图 2.4-35 三种其他查看方式

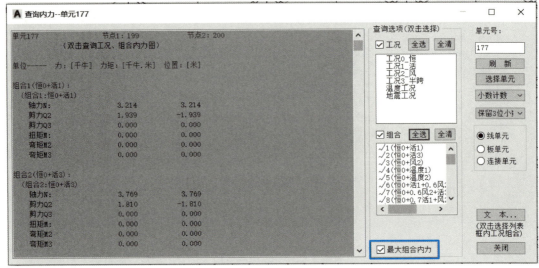

图 2.4-36　支座处某根上弦杆内力

2.4.2　网架结构 3D3S 模型设计验算

2.4.2 网架结构 3D3S 模型设计验算

在进行计算结果分析之后，读者需要进一步做的就是进行杆件层面的设计。杆件的设计是在前面结果合理的情况下进行的。

第一步，模型设计验算前处理。

此步的重点是规范的设定和关键杆件的设定。规范的设定在上一节已经进行过介绍，这里不再赘述，图 2.4-37 是关键杆件的指定，前面结果分析内力解读部分已经知道支座附近的杆件内力比较大，因此一般指定支座附近的杆件为关键杆件。可以利用程序的自动搜索功能，指定后的关键杆件如图 2.4-38 所示。

第二步，应力比限值的定义。

图 2.4-39 可以对一些关键杆件的应力比限值进行定义，以区别普通构件，留好安全储备。建议关键杆件的应力比一般杆件控制在 0.8 以内。

定义完成后，即可进行截面验算。

第 2 章 平板网架结构 3D3S 计算分析与设计

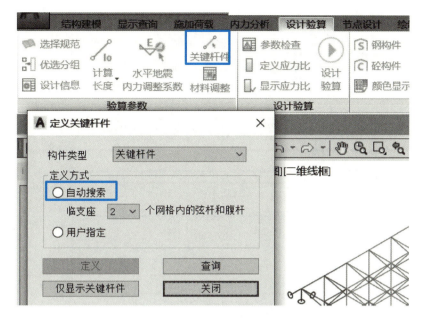

图 2.4-37 关键杆件的指定

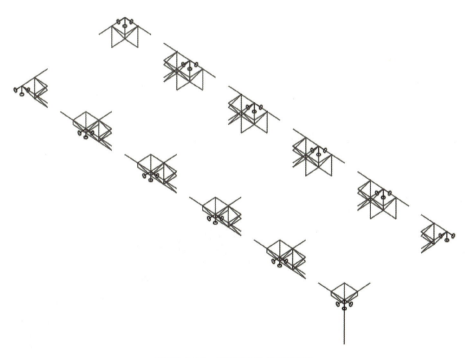

图 2.4-38 指定后的关键杆件

第三步，网架整体的验算结果查询。

图 2.4-40 是应力比显示，此种方法可以形象地感知整个网架的杆件应力比分布情况。比如，支座部位的杆件应力普遍偏高。图 2.4-41 是以应力比统计的方式查看应力比分布情况，读者可以知道整个网架杆件的应力比分布情况。一般空间网架杆件应力比非常小。

57

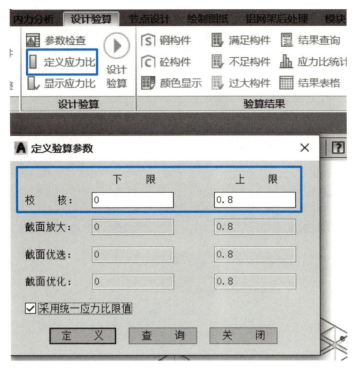

图 2.4-39　应力比定义

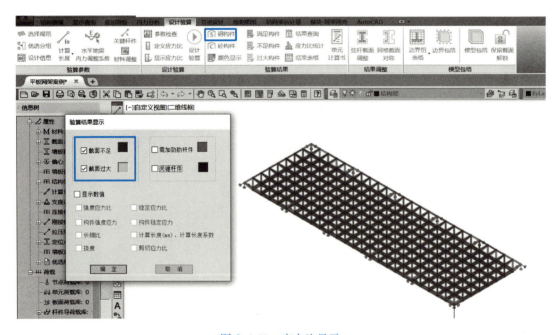

图 2.4-40　应力比显示

图 2.4-42 是具体的杆件应力比数值汇总，读者可以根据需求将其导出到 Excel 表格中，方便进行后处理。

第 2 章 平板网架结构 3D3S 计算分析与设计

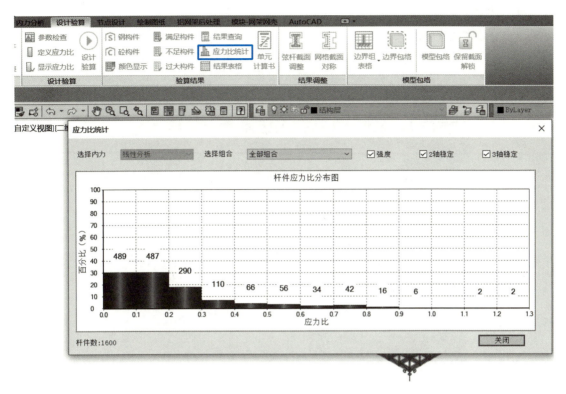

图 2.4-41 应力比统计

图 2.4-42 杆件应力比统计

第四步，单根网架杆件的应力比查看。

此步查看杆件应力比信息的前提是熟悉钢结构相关的构件计算，否则只是"看天书"。图 2.4-43 是单根杆件的应力比信息，读者可以根据此信息进行杆件的调整。在计算书整

59

理阶段，读者也可以就自己关心的关键构件计算书进行单独输出，如图 2.4-44 所示，只需要点击自己关心的构件即可。

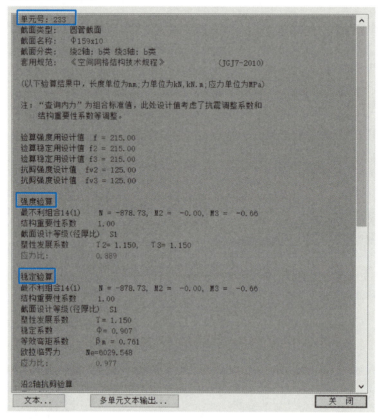

图 2.4-43　单根杆件的应力比信息

图 2.4-44　构件详细计算书

钢结构的节点与构件计算是钢结构设计的基本功，建议读者必须熟悉。新手可以结合软件提供的计算书进行详细学习，此小节最后我们附某单元详细计算书内容如下（星号后的内容是作者备注内容，方便读者理解）：

网架单元计算书☆读者可以自己修改名称

一、验算依据

《钢结构设计标准》（GB 50017—2017）
《空间网格结构技术规程》（JGJ 7 —2010）

二、基本信息

截面名称： 圆管截面 $\phi 159 \times 10$
绕 2 轴截面分类：b 绕 3 轴截面分类：b
强度验算 $A = 4681.0 \text{mm}^2$, $W = 164135.8 \text{mm}^3$
稳定验算 $A = 4681.0 \text{mm}^2$, $W = 164135.8 \text{mm}^3$
正截面强度设计值 $f = 215.00 \text{N/mm}^2$
稳定用设计值 $f_2 = 215.00 \text{N/mm}^2$, $f_3 = 215.00 \text{N/mm}^2$
抗剪强度设计值 $f_v = 125.00 \text{N/mm}^2$

三、承载能力验算 ☆构件强度计算分整体强度验算和稳定计算

3.1 整体强度验算

● 压/拉弯强度验算☆弯矩很小，不起主控作用

最不利组合 14（1），结构重要性系数 1.00：
$N = 878.73 \text{kN}(\text{压})$, $M_2 = -0.00 \text{kN} \cdot \text{m}$, $M_3 = -0.66 \text{kN} \cdot \text{m}$
（注：此处仅显示 2 位有效数字，实际计算采用准确值）
[钢标 8.1.1-2]

$$M = \sqrt{M_x^2 + M_y^2} = \sqrt{0.66^2 + 0.00^2} = 0.66 \text{kN} \cdot \text{m}$$

$$\frac{N}{A_n} + \frac{\sqrt{M_x^2 + M_y^2}}{r_m W_n} = \frac{878.731 \times 10^3}{4681.0} + \frac{0.66 \times 10^6}{1.15 \times 164135.8}$$
$$= 187.724 + 3.502$$
$$= 191.23 \text{N/mm}^2$$

$1.00 \times 191.23/215.0 = 0.889 > 0.80$

强度应力比超限！☆此处超限是前面关键构件设定为 0.8 限值导致，读者根据需要自己调整

3.2 整体稳定验算

● 稳定验算

最不利组合 14（1），结构重要性系数 1.00：
$N = 878.73 \text{kN}(\text{压})$, $M_2 = -0.00 \text{kN} \cdot \text{m}$, $M_3 = -0.66 \text{kN} \cdot \text{m}$
（注：此处仅显示 2 位有效数字，实际计算采用准确值）
[钢标 8.2.5-3]

$N'_{Ex} = \pi^2 EA/(1.1\lambda x^2) = \pi^2 \times 206.00 \times 4680.97/(1.1 \times 37.88^2)$
$= 6029.55 \text{kN}$

$N/N'_{Ex} = 878.73/6029.55 = 0.146 < 1.0$
[钢标 8.2.4-1]

$$\frac{N}{\varphi_x A f} + \frac{\beta_{mx} M_x}{\gamma_m W(1-0.8N/N'_{Ex})f}$$

$$= \frac{878.731 \times 10^3}{0.907 \times 4681.0 \times 215.0}$$

$$+ \frac{0.76 \times 0.661 \times 10^6}{1.15 \times 164135.82 \times (1-0.8 \times 878.7 \times 10^3/6029.5 \times 10^3) \times 215.0}$$

$$= 0.963 + 0.014$$

$$= 0.98$$

$1.00 \times 0.977 = 0.977 > 0.80$

稳定应力比超限！☆稳定应力比很大，构件计算以稳定为主

3.3 抗剪验算

● 沿2轴抗剪验算

最不利组合12（1），结构重要性系数1.00：

$V_2 = -1.485 \text{kN}$

[钢标6.1.3]

$$\tau = \frac{VS}{It_w} = \frac{1.485 \times 10^3 \times 111171.67}{0.00 \times 10^6 \times 20.0} = 0.633 \text{N/mm}^2$$

$1.00 \times 0.63/125.0 = 0.005 \leqslant 0.80$ ☆抗剪一般不起控制作用

3.4 局部稳定验算

$$\varepsilon_k = \sqrt{\frac{235}{f_y}} = \sqrt{\frac{235}{235}} = 1.000$$

● 径厚比验算

[钢标表3.5.1]

$[D/t] = 100 \varepsilon_k^2 = 100.00$

$D/t = 15.90 \leqslant [D/t]$

3.5 长细比验算 ☆关键构件和一般构件的限值不同

长细比限值按 [网格规程5.1.3]

● 绕2轴长细比验算

$\lambda_2 = L_{02}/i_2 = 2000.0/52.8 = 37.88 < [\lambda_2] = 180.0$

● 绕3轴长细比验算

$\lambda_3 = L_{03}/i_3 = 2000.0/52.8 = 37.88 < [\lambda_3] = 180.0$

四、正常使用验算

4.1 挠度验算☆挠度计算软件处理有问题，读者删除即可，留下也是自欺欺人

● 沿2轴挠度验算

最不利组合12（1），对应跨度：2000.00mm（节点217，226）

$w/L_0 = 0.09/2000.00 = 1/22463 < 1/250$

● 沿3轴挠度验算

$w/L_0 = 0 < 1/250$

未验算挠度或挠度很小。

2.5 平板网架结构案例思路拓展

前面已经将网架建模的整体流程介绍完毕,实际项目中,从建模到计算结果分析和杆件验算是重点内容。全流程计算的 f)～i) 实际项目中非常灵活,读者不一定完全借助 3D3S 完成,本案例我们继续介绍这些流程在 3D3S 中的处理。读者随着项目经验的积累,可以总结出适合自己的方法。

2.5.1 网架结构 3D3S 节点设计

2.5.1 网架结构 3D3S 节点设计

网架的节点设计选择顺序是螺栓球——焊接空心球,图 2.5-1 是螺栓球节点与焊接空心球节点。

图 2.5-1 螺栓球节点与焊接空心球节点

第一步,通常情况下将所有的球节点都定义为"按节点设计的命令确定"(软件默认)。

如图 2.5-2 所示。这时,若进行"螺栓球节点设计",软件将所选网架杆件所连节点作为螺栓球进行设计;若进行"焊接球节点设计",软件将所选网架杆件所连节点作为焊接球进行设计。如果将部分节点定义为焊接球,同时调用"螺栓球节点设计"命令,则所定义的节点按焊接球设计,其他节点按螺栓球设计。

第二步,定义基准孔。

如图 2.5-3 所示,此步上弦杆参考方向为 (0,0,1),下弦杆为 (0,0,-1),图 2.5-4 是三维角度查看定义的基准孔方向。

第三步,进行螺栓设计。

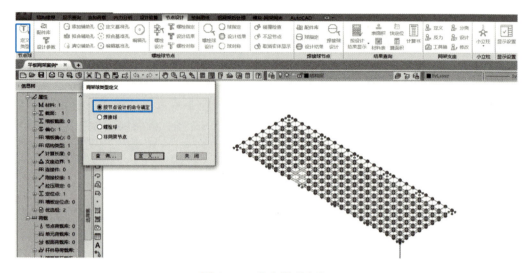

图 2.5-2　节点类型定义

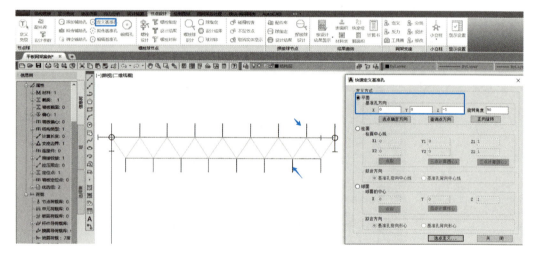

图 2.5-3　定义基准孔

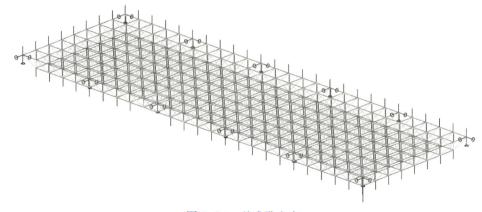

图 2.5-4　基准孔方向

如图 2.5-5 所示。从概念上，螺栓球节点中一般杆件受拉靠螺栓，杆件受压靠套筒。所以杆件拉力比较大的地方对螺栓需求就大。表 2.5-1 是螺栓受拉承载力汇总，最大受拉承载力 1097.6kN，一般项目用到 750kN。读者随着经验的积累在前面的计算结果解读阶段就可以判断螺栓是否能满足需求，个别中大跨度的网架在螺栓球无法满足的情况下可以转为焊接空心球。

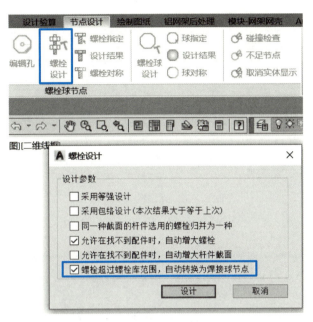

图 2.5-5 螺栓设计

螺栓受拉承载力汇总   表 2.5-1

性能等级	规格 d	螺距 p (mm)	A_{eff} (mm²)	N_t^b (kN)
10.9 级	M12	1.75	84	36.1
	M14	2	115	49.5
	M16	2	157	67.5
	M20	2.5	245	105.3
	M22	2.5	303	130.5
	M24	3	353	151.5
	M27	3	459	197.5
	M30	3.5	561	241.2
	M33	3.5	694	298.4
	M36	4	817	351.3
9.8 级	M39	4	976	375.6
	M42	4.5	1120	431.5
	M45	4.5	1310	502.8
	M48	5	1470	567.1
	M52	5	1760	676.7
	M56×4	4	2144	825.4
	M60×4	4	2485	956.6
	M64×4	4	2851	1097.6

注：螺栓在螺纹处的有效截面积 $A_{\text{eff}} = \pi (d - 0.9382p)^2 / 4$。

图 2.5-6 是验算结果，读者可以在此基础上进一步归并，点击验算按钮，可以进一步查看每个螺栓对应的节点承载力，如图 2.5-7 所示。

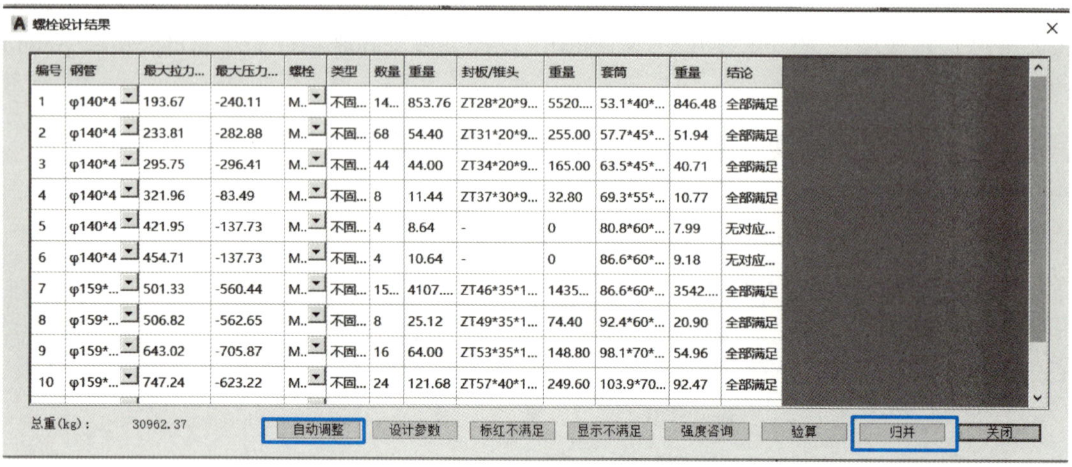
螺栓设计结果

编号	钢管	最大拉力...	最大压力...	螺栓	类型	数量	重量	封板/锥头	重量	套筒	重量	结论
1	φ140*4	193.67	-240.11	M...	不固...	14...	853.76	ZT28*20*9...	5520....	53.1*40*...	846.48	全部满足
2	φ140*4	233.81	-282.88	M...	不固...	68	54.40	ZT31*20*9...	255.00	57.7*45*...	51.94	全部满足
3	φ140*4	295.75	-296.41	M...	不固...	44	44.00	ZT34*20*9...	165.00	63.5*45*...	40.71	全部满足
4	φ140*4	321.96	-83.49	M...	不固...	8	11.44	ZT37*30*9...	32.80	69.3*55*...	10.77	全部满足
5	φ140*4	421.95	-137.73	M...	不固...	4	8.64	-	0	80.8*60*...	7.99	无对应...
6	φ140*4	454.71	-137.73	M...	不固...	4	10.64	-	0	86.6*60*...	9.18	无对应...
7	φ159*...	501.33	-560.44	M...	不固...	15...	4107....	ZT46*35*1...	1435...	86.6*60*...	3542....	全部满足
8	φ159*...	506.82	-562.65	M...	不固...	8	25.12	ZT49*35*1...	74.40	92.4*60*...	20.90	全部满足
9	φ159*...	643.02	-705.87	M...	不固...	16	64.00	ZT53*35*1...	148.80	98.1*70*...	54.96	全部满足
10	φ159*...	747.24	-623.22	M...	不固...	24	121.68	ZT57*40*1...	249.60	103.9*70...	92.47	全部满足

总重(kg)：30962.37

图 2.5-6 螺栓验算结果 1

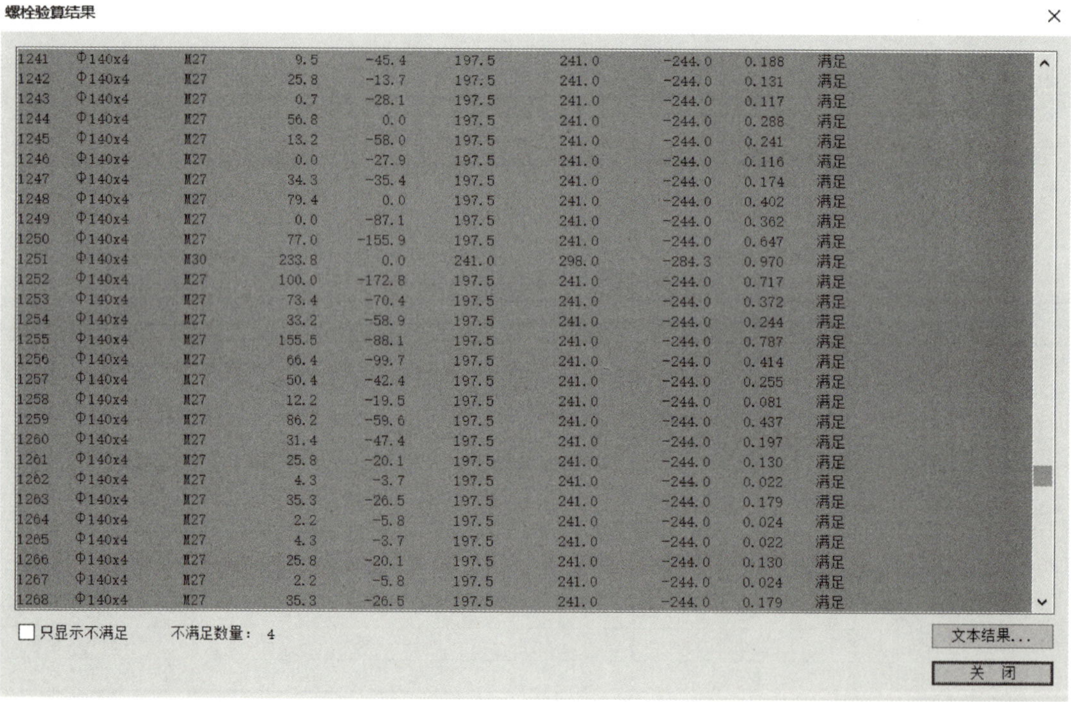
螺栓验算结果

1241	Φ140x4	M27	9.5	-45.4	197.5	241.0	-244.0	0.188	满足
1242	Φ140x4	M27	25.8	-13.7	197.5	241.0	-244.0	0.131	满足
1243	Φ140x4	M27	0.7	-28.1	197.5	241.0	-244.0	0.117	满足
1244	Φ140x4	M27	56.8	0.0	197.5	241.0	-244.0	0.288	满足
1245	Φ140x4	M27	13.2	-58.0	197.5	241.0	-244.0	0.241	满足
1246	Φ140x4	M27	0.0	-27.9	197.5	241.0	-244.0	0.116	满足
1247	Φ140x4	M27	34.3	-35.4	197.5	241.0	-244.0	0.174	满足
1248	Φ140x4	M27	79.4	0.0	197.5	241.0	-244.0	0.402	满足
1249	Φ140x4	M27	0.0	-87.1	197.5	241.0	-244.0	0.362	满足
1250	Φ140x4	M27	77.0	-155.9	197.5	241.0	-244.0	0.647	满足
1251	Φ140x4	M30	233.8	0.0	241.0	298.0	-284.3	0.970	满足
1252	Φ140x4	M27	100.0	-172.8	197.5	241.0	-244.0	0.717	满足
1253	Φ140x4	M27	73.4	-70.4	197.5	241.0	-244.0	0.372	满足
1254	Φ140x4	M27	33.2	-58.9	197.5	241.0	-244.0	0.244	满足
1255	Φ140x4	M27	155.5	-88.1	197.5	241.0	-244.0	0.787	满足
1256	Φ140x4	M27	66.4	-99.7	197.5	241.0	-244.0	0.414	满足
1257	Φ140x4	M27	50.4	-42.4	197.5	241.0	-244.0	0.255	满足
1258	Φ140x4	M27	12.2	-19.5	197.5	241.0	-244.0	0.081	满足
1259	Φ140x4	M27	86.2	-59.6	197.5	241.0	-244.0	0.437	满足
1260	Φ140x4	M27	31.4	-47.4	197.5	241.0	-244.0	0.197	满足
1261	Φ140x4	M27	25.8	-20.1	197.5	241.0	-244.0	0.130	满足
1262	Φ140x4	M27	4.3	-3.7	197.5	241.0	-244.0	0.022	满足
1263	Φ140x4	M27	35.3	-26.5	197.5	241.0	-244.0	0.179	满足
1264	Φ140x4	M27	2.2	-5.8	197.5	241.0	-244.0	0.024	满足
1265	Φ140x4	M27	4.3	-3.7	197.5	241.0	-244.0	0.022	满足
1266	Φ140x4	M27	25.8	-20.1	197.5	241.0	-244.0	0.130	满足
1267	Φ140x4	M27	2.2	-5.8	197.5	241.0	-244.0	0.024	满足
1268	Φ140x4	M27	35.3	-26.5	197.5	241.0	-244.0	0.179	满足

图 2.5-7 螺栓验算结果 2

第四步，进行螺栓球的设计。

如图 2.5-8 所示，勾选套筒承压验算。图 2.5-9 是验算结果，点击验算按钮，可以进一步查看螺栓球信息，如图 2.5-10 所示。

第五步，碰撞检查。

图 2.5-8　螺栓球设计

编号	球型号	切削量	类型	数量	重量	碰撞检查...	套管验算...
1	BS200	10.00	不固定	394	12955....	全部满足	全部满足
2	BS220	10.00	不固定	28	1225.45	全部满足	全部满足
3	BS250	10.00	不固定	4	256.89	全部满足	全部满足
4	BS280	10.00	不固定	4	360.91	全部满足	全部满足
合计				430	14798....		

图 2.5-9　螺栓球设计结果

节点	球径	碰撞检查	套筒压力设计值(kN)	承压面积(mm2)	承压强度设计值(MPa)	套筒端部承压应力比	结论
1	250	满足	884.14	4166.20	400.00	0.531	满足
2	220	满足	232.72	1045.14	320.00	0.696	满足
3	200	满足	490.14	2755.70	400.00	0.445	满足
4	200	满足	421.97	2755.70	400.00	0.383	满足
5	200	满足	389.78	2755.70	400.00	0.354	满足
6	200	满足	421.97	2755.70	400.00	0.383	满足
7	200	满足	490.14	2755.70	400.00	0.445	满足
8	220	满足	232.72	1045.14	320.00	0.696	满足
9	250	满足	884.14	4166.20	400.00	0.531	满足
10	220	满足	280.33	1206.35	320.00	0.726	满足
11	200	满足	286.54	1467.27	320.00	0.610	满足
12	200	满足	110.57	1045.14	320.00	0.331	满足
13	200	满足	224.78	2755.70	400.00	0.204	满足
14	200	满足	224.78	2755.70	400.00	0.204	满足
15	200	满足	224.78	2755.70	400.00	0.204	满足
16	200	满足	110.57	1045.14	320.00	0.331	满足
17	200	满足	286.54	1467.27	320.00	0.610	满足
18	220	满足	280.33	1206.35	320.00	0.726	满足
19	220	满足	215.34	1206.35	320.00	0.558	满足
20	200	满足	173.13	1045.14	320.00	0.518	满足
21	200	满足	114.96	1045.14	320.00	0.344	满足
22	200	满足	53.66	1045.14	320.00	0.160	满足
23	200	满足	169.10	2755.70	400.00	0.153	满足
24	200	满足	53.66	1045.14	320.00	0.160	满足
25	200	满足	114.96	1045.14	320.00	0.344	满足
26	200	满足	173.13	1045.14	320.00	0.518	满足
27	220	满足	215.34	1206.35	320.00	0.558	满足

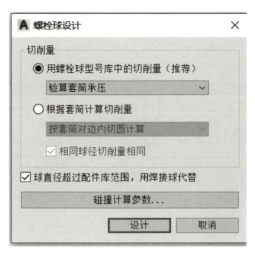

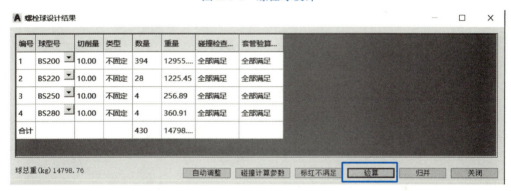

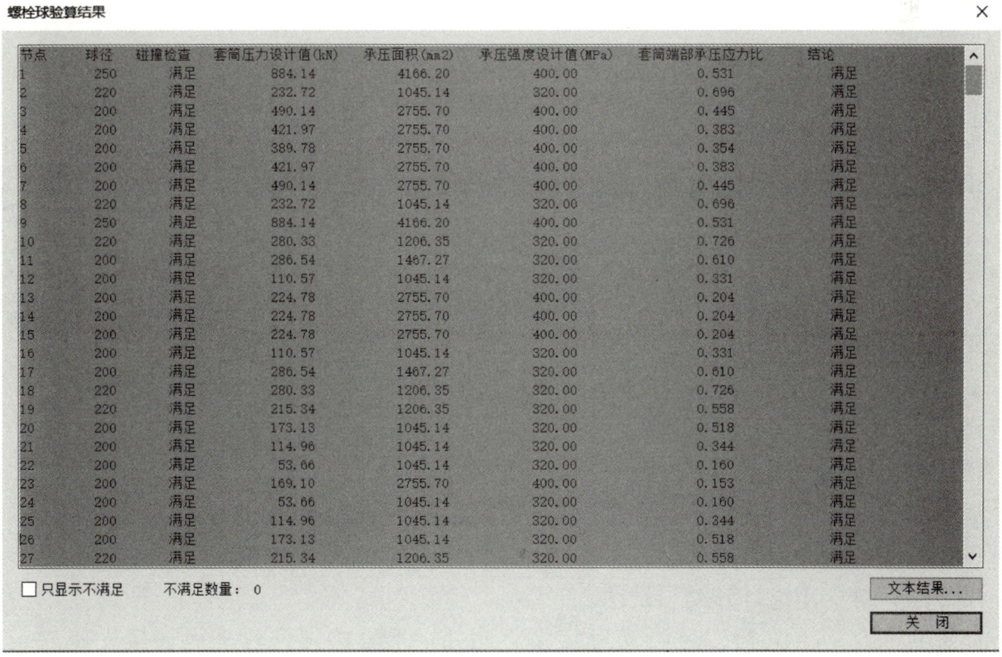

图 2.5-10　螺栓球信息

这是螺栓球节点设计必经之路,防止后期加工出现问题。3D3S 在此步的处理是一个亮点,节约了人工时间,图 2.5-11 是部分节点碰撞检查结果。需要提醒读者的是,此步节点数量多的时候运算有些慢,建议读者可以分批勾选进行。

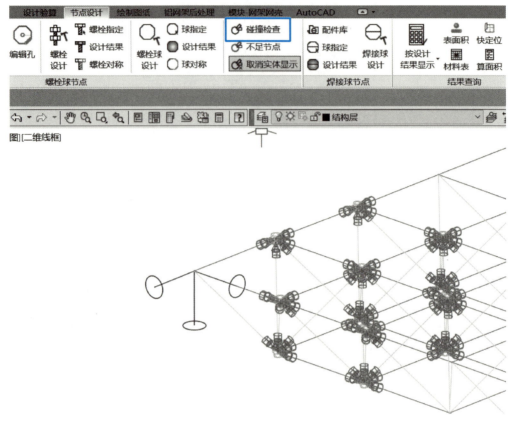

图 2.5-11　节点碰撞检查

至此,螺栓球节点设计告一段落。

2.5.2　网架结构 3D3S 支座设计

空间结构支座一般实际项目中有四大类,即铰类支座、滑动支座、弹性橡胶支座和万向铰支座。通常,中小跨度的网架用前三类即可,大跨度网架则会用到万向铰支座。

2.5.2 网架结构
3D3S支座设计

3D3S 自带的支座设计主要用来进行平板铰支座和橡胶支座的设计。本案例采用平板支座设计,读者注意体会它的局限性,在后面章节我们会进行其他支座的设计介绍。

第一步,定义网架支座。

如图 2.5-12 所示,对需要设计的支座进行定义,这里需要留意,支座的定义是后面进行设计选型的前提。

第二步,对支座进行分类和设计。

如图 2.5-13 所示,可以进行支座定义。比如,本案例先进行平板铰接支座的定义,在设计对话框中选择适合本项目的参数,如图 2.5-14 所示。

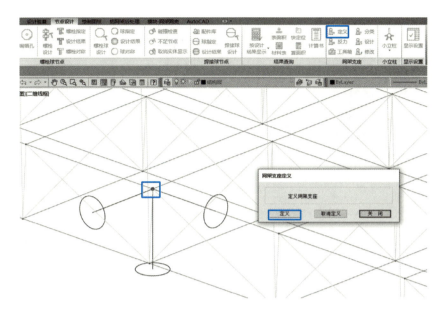

图 2.5-12　网架支座定义

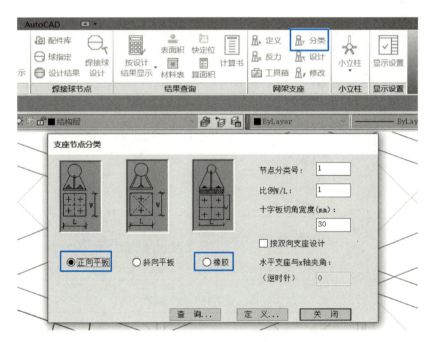

图 2.5-13　支座类型定义

定义完毕后，即可进行支座验算。

第三步，根据验算结果进行调整。

图 2.5-15 是支座验算结果对话框，读者可以直观地查看验算结果哪一项不满足要求，随时调整左侧支座参数，实时查看计算结果。

上面是支座设计的整体流程，关于更多支座设计的内容，读者在把握整体操作流程的基础上，进一步阅读第 10 章的内容。

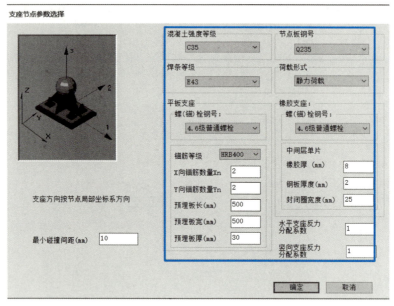

图 2.5-14　支座参数定义

图 2.5-15　支座验算结果调整

2.5.3　网架结构 3D3S 计算书整理

此步是实际项目设计的必备步骤，过去人们在计算机软件发展缓慢的时代，习惯手动整理计算书。随着软件的更新，3D3S 的计算书相对来说还是比较完善的，推荐读者在实际项目中经常使用，提升工作效率。

第一步，点击计算书选项。

如图 2.5-16 所示，对要输出的计算书进行整理。通常，主要输出计算结果，读者可根据输出内容进行调整。

2.5.3　网架结构 3D3S 计算书整理

第 2 章　平板网架结构 3D3S 计算分析与设计

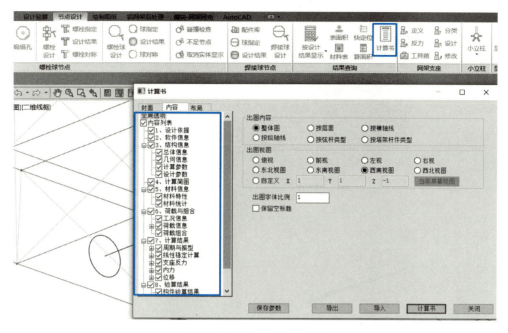

图 2.5-16　计算书前处理

第二步，对计算书进行处理。

符合自己的实际项目需求即可。图 2.5-17 是本案例计算书的目录，读者可以此为蓝本，对每个章节进行筛选。比如，在几何信息部分，可以根据实际需求删除不需要的节点

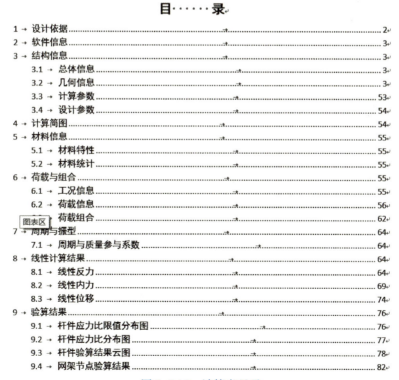

图 2.5-17　计算书目录

71

坐标列表，如图 2.5-18 所示，使得计算书更加简洁。

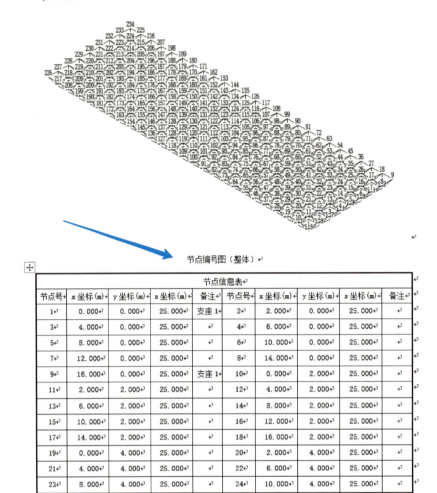

图 2.5-18　节点坐标

2.5.4　网架结构 3D3S 施工图整理

2.5.4　网架结构 3D3S施工图整理

针对网架结构而言，3D3S 的施工图处理完全可以达到施工图的深度。前提是几何信息输入准确，可以大幅度提升设计效率。

第一步，可以进行三维实体显示，生成网架三维实体图。

如图 2.5-19 所示，通过"shade"显示实体模型。

第二步，进行结构施工图输出。

如图 2.5-20 所示，此步是生成网架施工图的关键，一般选择快速生成，即可弹出如图 2.5-21 所示的菜单。图中框选的四个图名是施工图必出的四张图纸。其余螺栓球节点、支座节点、材料统计表等，可根据实际项目确定是否需要输出。

第 2 章 平板网架结构 3D3S 计算分析与设计

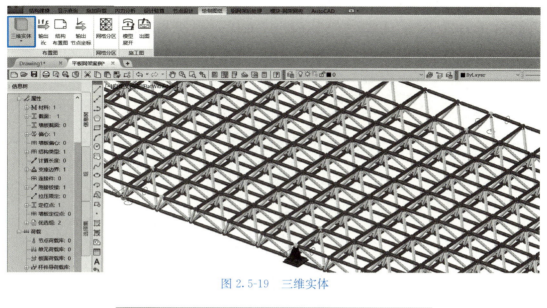

图 2.5-19 三维实体

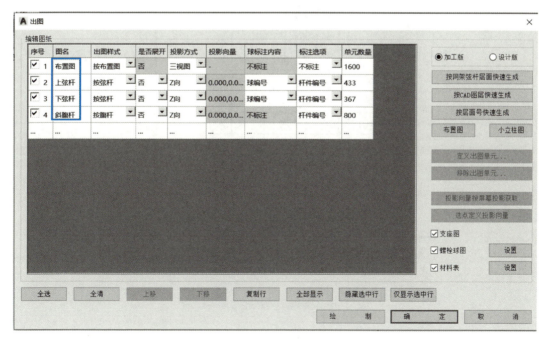

图 2.5-20 施工图输出选项

图 2.5-21 四大图纸输出菜单

图 2.5-22~图 2.5-25 是生成的结构布置图、上弦杆平面图、下弦杆平面图、斜腹杆平面图。读者需要熟悉，这是空间网架结构必备的四张图，根据四张图可以进行网架的重构，有条件可以再给出一个三维轴测图。

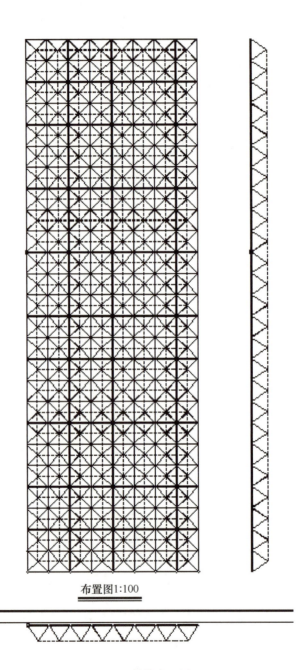

图 2.5-22 结构布置图

第 2 章 平板网架结构 3D3S 计算分析与设计

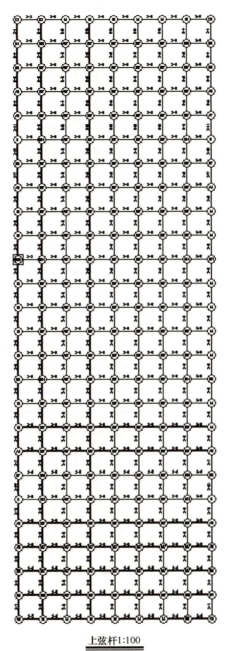

上弦杆1:100

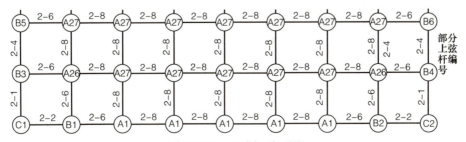

图 2.5-23 上弦杆平面图

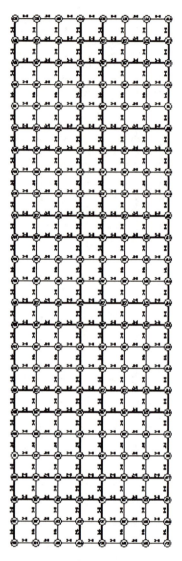

下弦杆 1:100

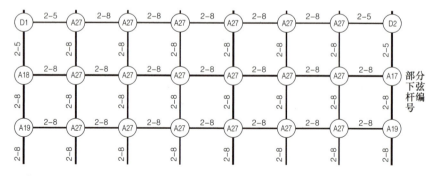

图 2.5-24 下弦杆平面图

第 2 章 平板网架结构 3D3S 计算分析与设计

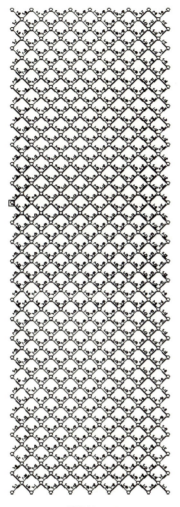

斜腹杆 1:100

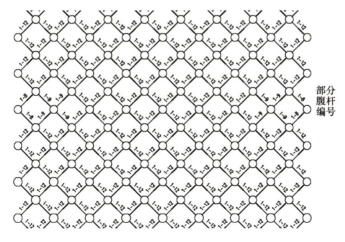

图 2.5-25 斜腹杆平面图

第三步，节点坐标的输出。

一般项目无须提供，复杂的项目建议读者提供，以便钢结构厂家能够更准确地进行钢结构的加工和放样。

以上就是网架施工图的全部输出流程。合理地借助 3D3S 软件，网架结构的施工图完全可以达到事半功倍的效果。

2.6 平板网架结构小结

2.6 平板网架结构小结

本章是 3D3S 的入门章节。以网架为例，对 3D3S 基本操作流程进行了详细的讲解。读者需要熟悉整体操作流程。特别是结果解读部分，读者需要结合结构力学概念，对计算结果的合理性进行判定。

网架结构的节点和支座部分我们在本章仅做了概括性的操作介绍，待读者熟悉网架结构全流程操作后，关于支座和节点的更多知识请阅读第 10 章的内容。

第3章

管桁架结构 3D3S 计算分析与设计

3.1 从平面桁架入门

桁架是空间结构中出现频率非常高的一种空间钢结构，从平面桁架到管桁架，它是一种跨度上的需求。本小节结合上一章的案例进行改编，将网架结构改为平面桁架结构；下一小节增大跨度，改为管桁架结构。读者可以体会，随着跨度的变化而带来的结构体系的变化。

3.1.1 平面桁架的建模

第一步，线模的搭建。

如图 3.1-1 所示，选定好高度，绘制两条桁架的上弦、下弦直线。平面桁架的高度，可以根据图 3.1-2 作为参考。最终决定高度合理与否的关键，除了满足建筑使用之外，取决于桁架的变形和杆件的内力。本案例预估高度为 1.2m，进行辅助线的创建。

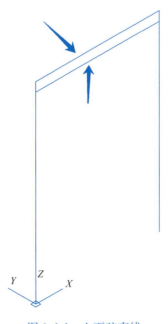

3.1.1 平面桁架的建模

图 3.1-1 上下弦直线

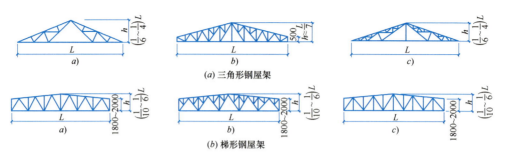

图 3.1-2 平面桁架高度参考

第二步，选择多段线生成桁架。

如图 3.1-3 所示，注意图中框选部分内容，平面桁架参数 $a=0$，结合高度确定划分段数，尽量让夹角界于 $45°$ 附近。选定好上、下弦杆辅助线，生成平面桁架，如图 3.1-4 所示。在此基础上，通过复制杆件、打断的命令，完善平面桁架。

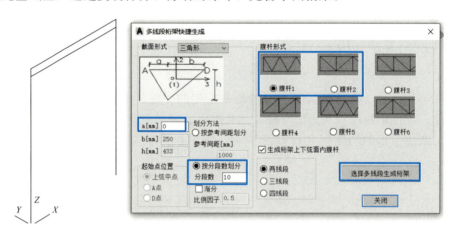

图 3.1-3 多段线生成桁架参数对话框

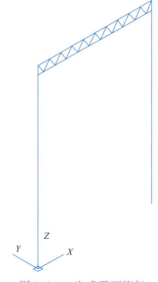

图 3.1-4 生成平面桁架

第三步，对平面桁架定义材性、杆件截面。

这里，我们开始给大家介绍3D3S中常用的工作树，也叫信息树。材料一般有Q235B和Q355B两种，挠度控制低强度指标，强度控制高强度指标。考虑本案例跨度较小，我们用Q235B即可。选中全部杆件，拖动信息树中的Q235B即可，如图3.1-5所示。

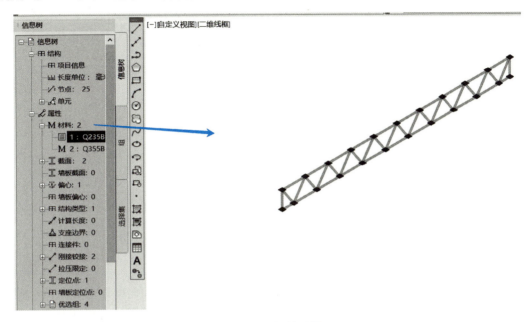

图3.1-5 材料赋值

同理，进行截面杆件赋值。先从选择集中选择上、下弦杆，拖动截面库中的H型钢截面，再选择腹杆，拖动截面赋值，如图3.1-6所示。

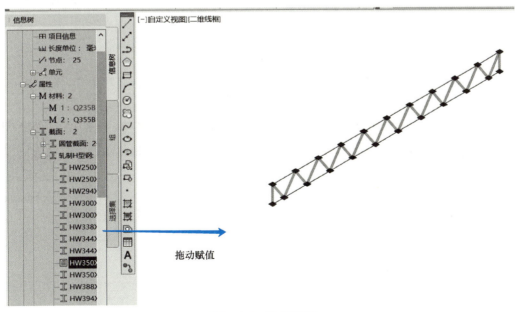

图3.1-6 拖动赋值

第四步，对平面桁架进行支座定义。

如图 3.1-7 所示，此步考虑后面我们在 X-Z 平面进行分析，因此将其定义为铰接约束。

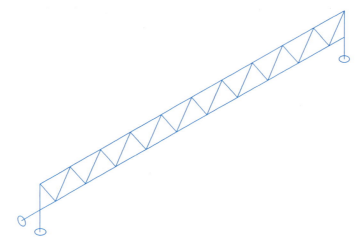

图 3.1-7　约束定义

第五步，进行荷载添加。

跨度 7.5m，将面荷载转换为线荷载，对其进行施加即可。我们以恒荷载为例，转换为线荷载是 7.5×0.5＝3.75kN/m，施加到上弦杆。如果添加线荷载，直接加前面数值即可；如果添加节点荷载，进一步转换为集中荷载，分散添加到节点上即可，如图 3.1-8 所示。

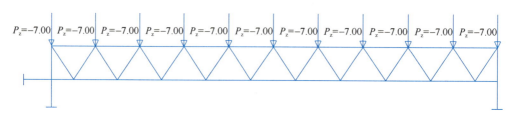

图 3.1-8　荷载添加

至此，平面桁架前处理建模完毕。考虑到此桁架属于入门级别，我们仅添加恒、活荷载进行试算，后面大跨管桁架部分再综合考虑各种荷载。

3.1.2　平面桁架的计算结果解读

计算分析前，务必将平面类型设置为 X-Z 平面，转化为平面问题，如图 3.1-9 所示，然后点击计算即可。计算完毕后，进行如下的操作。

第一步，查看桁架的周期振型，确保结构不是机构。

观察它在平面内的振动情况，如图 3.1-10 所示。

第二步，查看它在标准组合下的位移。

如图 3.1-11 所示，它反映了桁架高度合理与否。前期的高度只是估算，真正决定桁

第3章 管桁架结构3D3S计算分析与设计

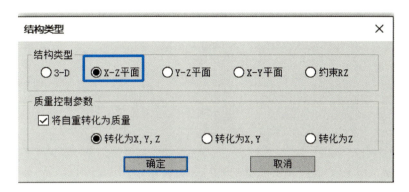

图 3.1-9 结构类型

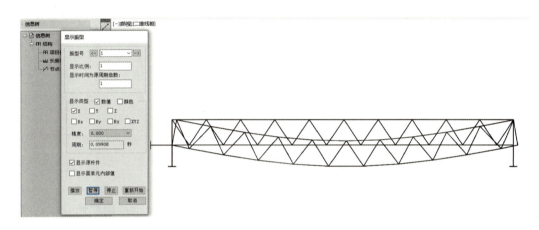

图 3.1-10 平面桁架周期振型

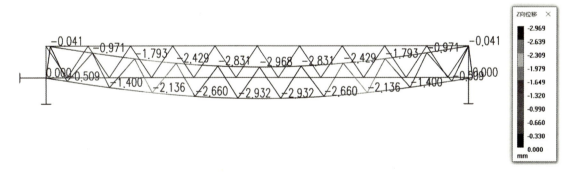

图 3.1-11 桁架在标准组合下的变形

架高度是否合理的一个重要指标是变形。

第三步，查看支座反力。

如图 3.1-12 所示，一方面，可以复核荷载的添加是否正确；另一方面，为下部的结构计算提供依据。

第四步，查看杆件的内力分布。

如图 3.1-13 所示，本案例由于重点关注的是恒、活竖向荷载，它的分布规律类似于

83

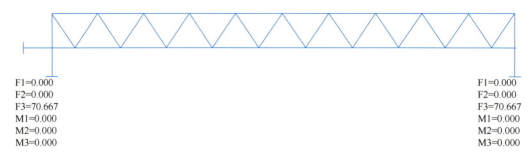

图 3.1-12　支座反力

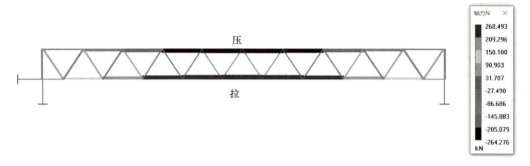

图 3.1-13　轴力分布

简支梁，中部最大的弯矩由拉压力平衡，两端支座剪力由腹杆承担。

其实到此为止，简单的平面桁架计算完全可以结束。读者可以根据钢结构知识自己计算构件的应力比，当然也可以继续借助 3D3S 进一步计算杆件的强度。

第五步，构件验算。

如图 3.1-14 所示，可以查看整体的构件应力比分布。双击某个构件，可以查看具体的电算过程，如图 3.1-15 所示。

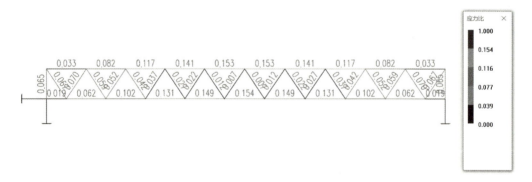

图 3.1-14　应力比

读者可以根据变形和内力的计算返回调整桁架高度和杆件截面，得出较为经济的平面桁架结构。

图 3.1-15　构件详细信息

3.2　管桁架结构概念设计

3.2.1 管桁架的来源

3.2.1　管桁架的来源

我们将上一小节的平面桁架跨度由 16m 扩展到 32m，如图 3.2-1 所示。读者的第一感觉应是随着跨度的增加，平面桁架显得非常单薄，特别是面外如同纸片一样，很不稳定。

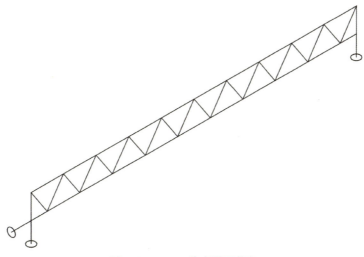

图 3.2-1　32m 跨度平面桁架

按照上一节的步骤,计算完毕后观察其振型、变形和内力,如图 3.2-2~图 3.2-4 所示。读者会发现,周期、变形大幅度增加。从力学的角度不难理解,跨度的增加,结构更柔、周期变大。变形对跨度非常敏感,同时内力也相应增加。由于外荷载不大,内力的变化幅度没有前面那么大。

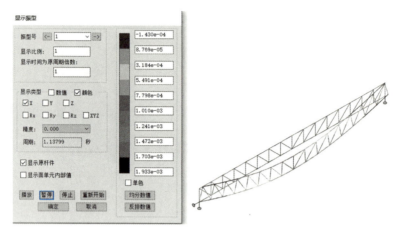

图 3.2-2 振型

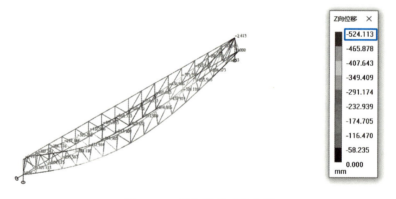

图 3.2-3 竖向荷载下的变形

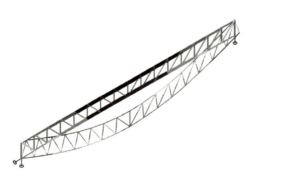

图 3.2-4 竖向荷载下的轴力

上面一系列的问题使得平面桁架在跨度较大的项目中应用受限。这时，管桁架就应运而生了。

3.2.2 管桁架的基本介绍

管桁架结构以圆钢管、方钢管或矩形管为主要受力构件，通过直接相贯节点连接成平面或空间桁架，如图 3.2-5 所示。

3.2.2 管桁架的基本介绍

图 3.2-5 管桁架

与网架相比，其空间特性没有网架好，但是优点是可以适合复杂的建筑造型，做出各种流线。

其优点总结起来有四点：①薄壁钢管，闭口截面，抗扭刚度好；②节点构造简单；③结构简洁、流畅、适用性强；④钢管外表面积小，节约防腐防火材料及清洁维护等费用。

其缺点主要有两个：①为减少钢管拼接量，一般弦杆规格相同，不能根据内力选择，造成结构用钢量偏大；②相贯节点放样、加工困难，现场焊接工作量大。

3.2.3 管桁架的基本尺寸

本小节主要介绍实际项目中，在建模之前如何预估管桁架的尺寸。

1. 高度问题

3.2.3 管桁架的基本尺寸

《网格规程》第 3.4.1 条规定，立体桁架的高度可取跨度的 1/16～1/12。一般管桁架用于 25m 及以上跨度的结构中，读者可以根据荷载情况，在方案阶段按此跨高比进行估算，高度确定了，对应的节间距离也可以随之确定，一般使腹杆夹角成 45°为宜。

2. 管桁架的形状问题

常规的管桁架截面一般以三角形和四边形为主。屋盖类结构中，三角形较多；连廊类结构涉及行人行走，四边形较多。

3. 管桁架的稳定问题

《网格规程》规定：

3.4.4 立体桁架支承于下弦节点时桁架整体应有可靠的防侧倾体系，曲线形的立体桁架应考虑支座水平位移对下部结构的影响。

3.4.5 对立体桁架、立体拱架和张弦立体拱架应设置平面外的稳定支撑体系。

稳定一直是钢结构设计的重点，管桁架结构的整体稳定更是重中之重，一般随着跨度的增大，可以考虑面外设置次桁架进行支撑，保证结构的整体刚度。

3.2.4 管桁架结构的计算

管桁架的计算一般分三步：单榀管桁架的计算→多榀管桁架的拼装计算→整体结构的计算。3D3S 重点解决前两步的问题，第三步可以用盈建科、PKPM、midas Gen、SAP2000 等进行复核计算。

3.2.4 管桁架结构的计算

3.3 管桁架结构 3D3S 软件实际操作

3.3.1 单榀管桁架计算

3.3.1-1 单榀管桁架计算一

本小节根据第 3.2 节的思路进行管桁架的设计。由于为与第 2 章重复的操作，故我们不去赘述，只带领读者将重点内容按步骤进行梳理。

第一步，单榀管桁架建模。

可以利用 3D3S 自动生成管桁架的功能，如图 3.3-1 所示，根据跨度 32m 的 1/16 为 2m 作为初始高度，分段数为 16 段，两个上弦距离为 2m，选择直线生成桁架，两端定义铰支座。如图 3.3-2 所示，第一榀模型搭建完毕。

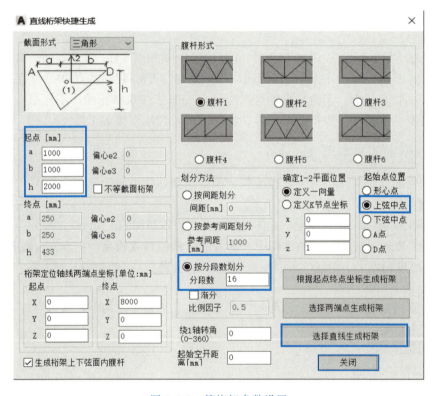

图 3.3-1 管桁架参数设置

第二步，添加恒、活荷载。

结合前面小节的内容，分别施加恒、活荷载。在单榀模型计算时，每个上弦节点分担原先一个节点 7kN 的荷载，如图 3.3-3 所示。

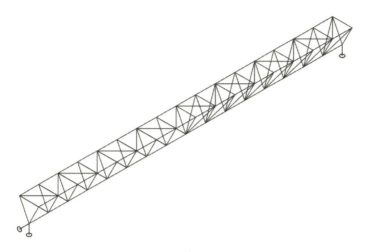

图 3.3-2　第一榀模型

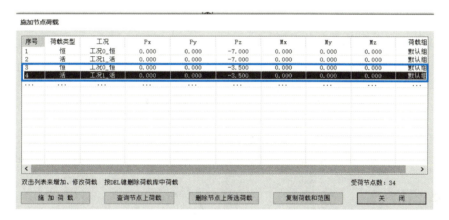

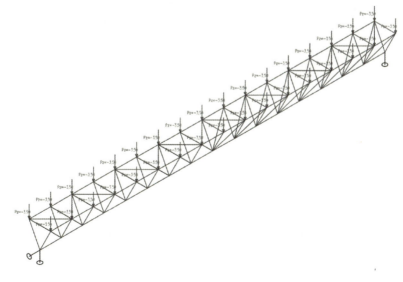

图 3.3-3　施加节点荷载

第三步，检查模型，进行计算。

注意确定二维平面计算，如图 3.3-4 所示。

第四步，计算结果查看之周期和振型。

排除机构，如图 3.3-5 所示。从结果查看开始，读者可以与前面的平面

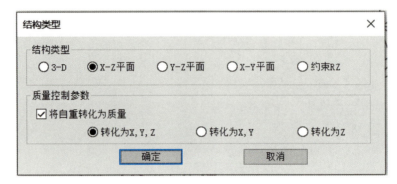

图 3.3-4　二维计算

桁架进行对比，体会两者之间的差异。

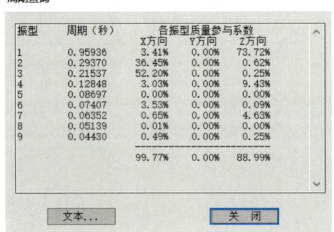

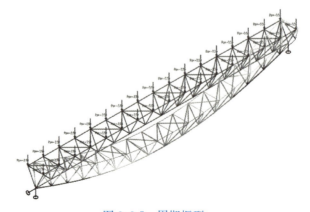

图 3.3-5　周期振型

第五步,计算结果查看之标准组合下的位移。

如图 3.3-6 所示,可以发现管桁架的变形明显小于平面桁架,并且这是在初始截面的情况下得到的。表 3.3-1 是《网格规程》对空间结构的挠度限值规定,32000/250＝128mm。后面,结合内力计算结果反算截面进行调整。若偏离规范限值较远,可以考虑增加高度。

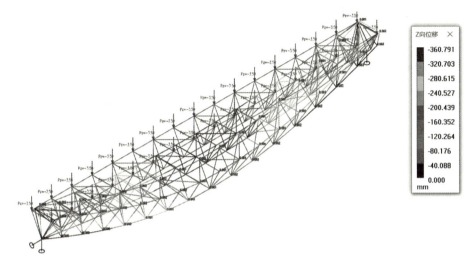

图 3.3-6 "恒＋活"荷载下的变形

空间网格结构的容许挠度值　　　　　表 3.3-1

结构体系	屋盖结构（短向跨度）	楼盖结构（短向跨度）	悬挑结构（悬挑跨度）
网架	1/250	1/300	1/125
单层网壳	1/400	—	1/200
双层网壳立体桁架	1/250	—	1/125

注:对于设有悬挂起重设备的屋盖结构,其最大挠度值不宜大于结构跨度的 1/400。

第六步,内力查看。

如图 3.3-7 所示,可以看到上弦双杆的存在完美地分担了轴心压力,这也是很多项目

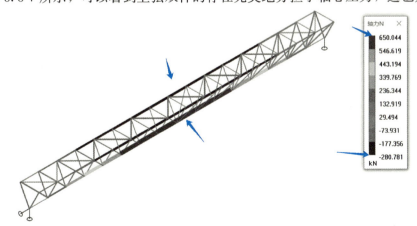

图 3.3-7 恒＋活荷载下的轴力分布

为何用倒三角形的原因所在。下弦杆受拉，系充分利用钢材的抗拉性能。

第七步，杆件筛选。

如图 3.3-8 所示，此步不是必须进行的一步，随着经验的积累，读者可以自己手动调整截面，也可以通过电算自动筛选。在图 3.3-8 中，定义好初始的验算组，可以上、下弦定义一组；也可以分别定义，腹杆单独定义一组，甚至进一步细化关键杆件。筛选完毕后，重新进行计算。可以发现变形大幅度减小，如图 3.3-9 所示。至此，单榀桁架建模计算完毕。

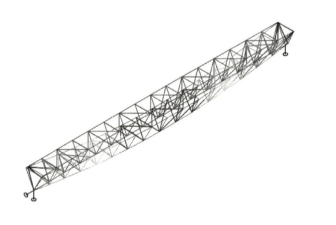

图 3.3-8　优选分组

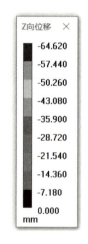

图 3.3-9　调整后的变形

3.3.2　多榀管桁架的拼装计算

本小节在上一小节的基础上进行拼装计算。

第一步，复制单榀管桁架。

3.3.2-1 多榀管桁架的拼装计算一

如图 3.3-10 所示，得到屋盖主桁架。

图 3.3-10　屋盖主桁架

第二步，绘制辅助线，进行次桁架搭建。

如图 3.3-11 所示，首先生成一榀次桁架，然后复制、粘贴生成多榀次桁架，如图 3.3-12 所示。

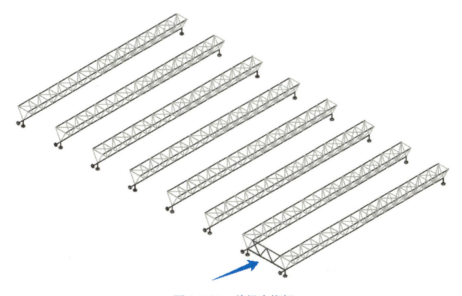

图 3.3-11　单榀次桁架

第三步，施加荷载。

本步与网架部分荷载类似，区别是为了更好地进行荷载导荷，我们可以定义组。将施加荷载的杆件定义为一组，便于筛选，如图 3.3-13 所示。信息树最初是从迈达斯软件中携带的，过去十多年陆续被各大国内商业软件借鉴使用，对用户非常友好，极大地提高了杆件选取的速度。

在定义好信息树的基础上可以进行荷载施加，如图 3.3-14 所示。与网架案例不同，

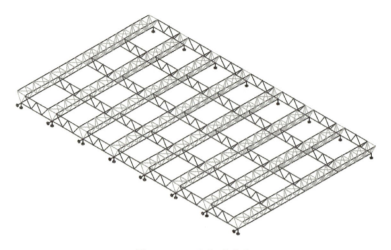

图 3.3-12　多榀次桁架

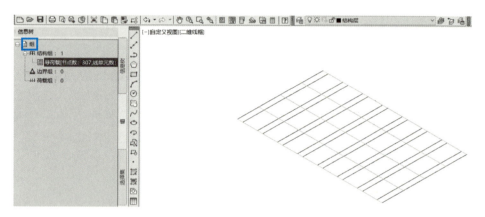

图 3.3-13　杆件分组

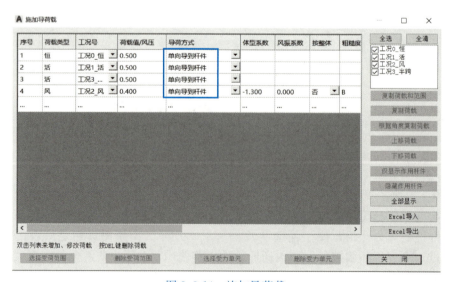

图 3.3-14　施加导荷载

桁架需要选择单向导荷，通过檩条将其传导至主桁架上。选择好杆件之后，生成封闭面，即可进行荷载导荷，对荷载进行检查，如图 3.3-15～图 3.3-18 所示。这里需要提醒读者，荷载检查的一个重点是方向添加问题，尤其是风荷载。另一个是导荷数值，读者可以根据自己的实际项目核对数值是否正确。

此步骤重点荷载的添加已经介绍完毕，剩余的地震作用和温度作用添加与网架结构章节一样，不再赘述。添加完毕，设置好计算参数，点击计算即可。

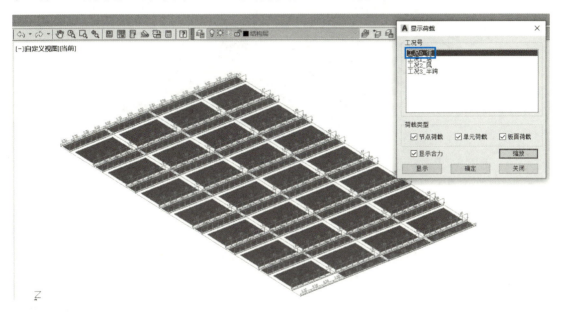

图 3.3-15　恒荷载导荷

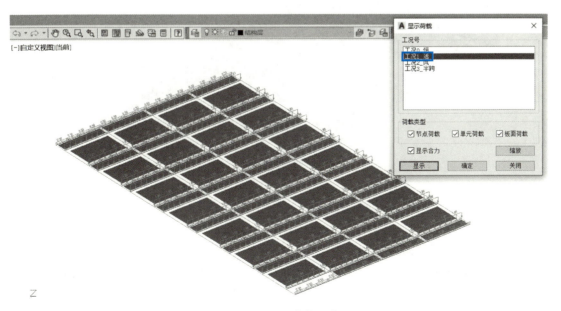

图 3.3-16　活荷载导荷

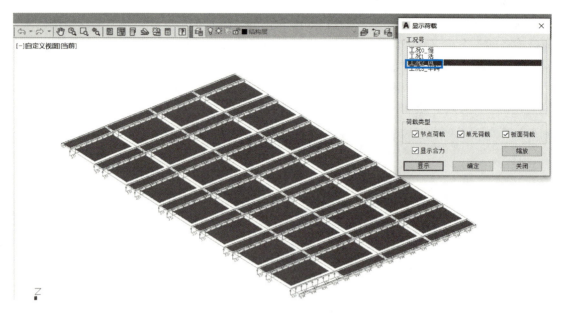

图 3.3-17 风荷载导荷

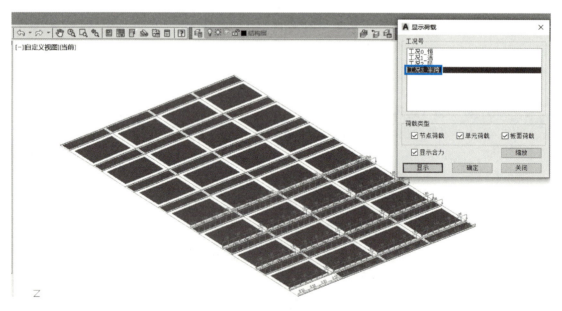

图 3.3-18 半跨活荷载导荷

第四步,计算结果解读。

首先,关注的是拼装结构的周期和振型,如图 3.3-19~图 3.3-22 所示。通过周期和振型,读者可以感受桁架整体的刚度情况。由于两侧长边为铰接约束,导致短边约束最弱,出现沿着长跨的平动。竖向振动一直是大跨空间结构的突出特点。后面,读者留意约束带来的水平力,以及后期采用滑动支座对结构的影响。

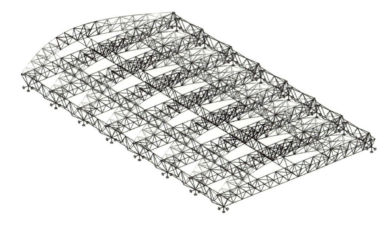

图 3.3-19　周期

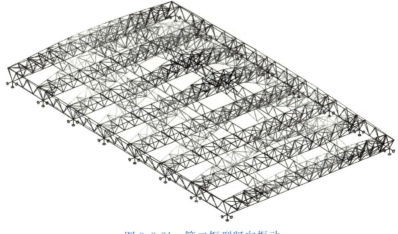

图 3.3-20　第一振型平动

图 3.3-21　第二振型竖向振动

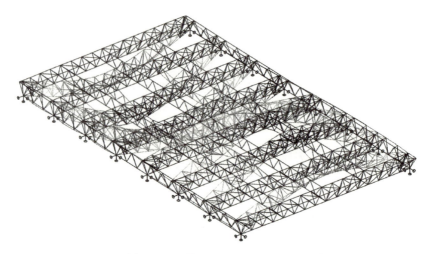

图 3.3-22　第三振型竖向交错振动

第五步，位移结果的查看。

首先，关注的是拼装结构的标准组合下的位移。如图 3.3-23 所示，可以看到拼装后的整体刚度从变形的角度满足使用要求。图 3.3-24 为考虑恒荷载和风荷载作用下的变形，可以看出向上的变形非常小。图 3.3-25 为恒荷载和半跨活荷载作用下的变形，可以发现它略大于恒荷载和全跨活荷载作用下的变形。提醒设计人员要注意额外与此相关的内力情况，也提醒设计人员实际项目中不是全跨布置的荷载就是最安全的荷载，需要留意半跨荷载的布置。

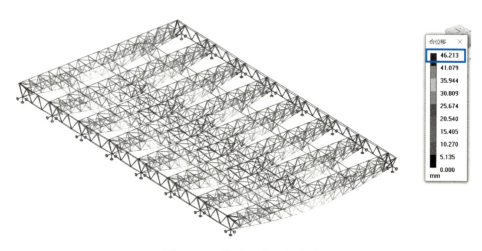

图 3.3-23　标准组合下的位移

图 3.3-26 是 XY 两个方向地震作用下的位移，可以发现位移非常小，特别是 X 方向的正、反两方向的地震作用都出现了局部振动，读者可以思考其中的原因。从变形的角度看，地震作用一般不是空间结构的主控作用。

图 3.3-27 是升降温作用下的变形。可以看出，与地震作用相比，温度作用在空间结构中的变形更大，需要留意后面带温度作用工况的内力。

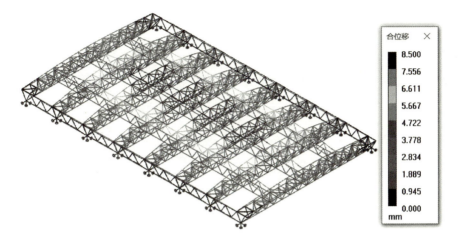

图 3.3-24 恒荷载和风荷载作用下的变形

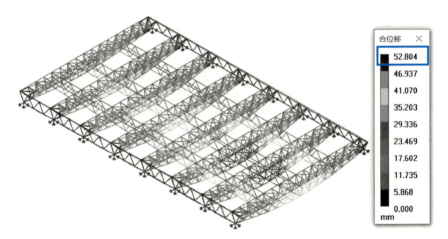

图 3.3-25 恒荷载和半跨活荷载作用下的变形

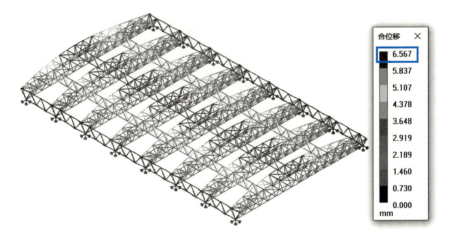

图 3.3-26 XY 两个方向地震作用下的位移（一）

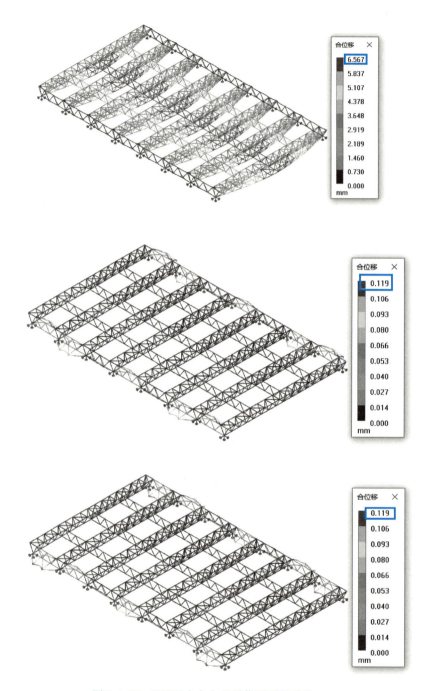

图 3.3-26　XY 两个方向地震作用下的位移（二）

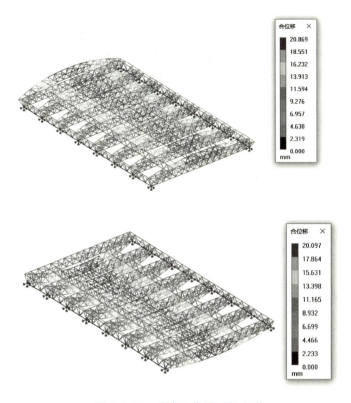

图 3.3-27 升降温作用下的变形

第六步，支座反力的查看。

支座反力查看的目的有两个：一个是对各工况荷载的核对，可以间接反映外部荷载参与结构计算的准确度；另一个是为下部结构计算提供依据，及时对下部相连构件进行调整。图 3.3-28 是结构在典型的竖向荷载基本组合下的部分支座反力，读者可以思考在此

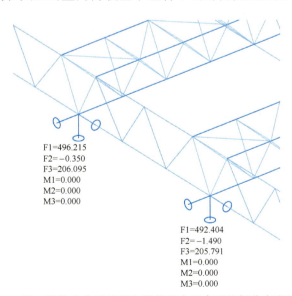

图 3.3-28 结构在典型的竖向荷载基本组合下的部分支座反力

为何会出现水平力？

图 3.3-29 是结构在恒荷载加温度作用下的部分支座反力。可以看出，考虑温度作用的荷载组合下支座水平力都比较大，这为下部结构的设计带来挑战。如何减小温度作用下的支座反力，是空间结构设计需要重点关注的问题之一。

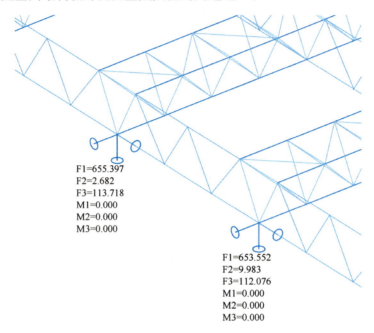

图 3.3-29 结构在恒荷载加温度作用下的部分支座反力

第七步，结构内力的查看。

图 3.3-30 是标准组合"恒+活"荷载下的杆件轴力，与单榀桁架不同，支座约束个数发生变化，直接影响杆件内力分布。图 3.3-31 是其中一榀杆件内力分布。可以发现，杆件内力分布不再是简支梁形式的内力分布，在支座附近也有较大轴力，有点类似出现"负弯矩"。

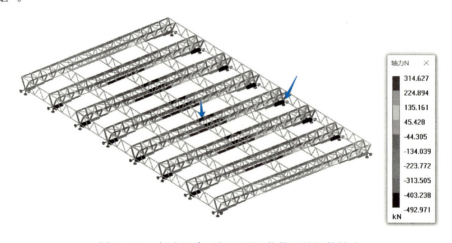

图 3.3-30 标准组合"恒+活"荷载下的杆件轴力

图 3.3-31　单榀管桁架标准组合"恒＋活"荷载下的杆件轴力

图 3.3-32 是恒荷载加升温作用下管桁架的内力分布，可以看出在升温热胀作用下，结构有膨胀的趋势，但是迫于支座的约束，导致杆件膨胀受限，因而产生压力。而支座约束越强的地方，压力越大！

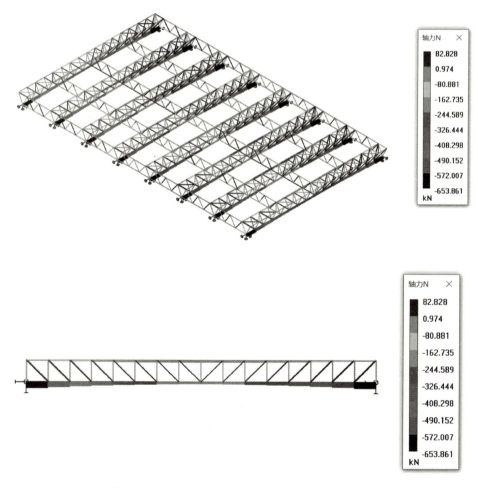

图 3.3-32　恒荷载加升温作用下管桁架的内力分布

图 3.3-33 是恒荷载加降温作用下管桁架的内力分布，可以看出在降温冷缩作用下，结构有向中心收缩的趋势。但是，受限于支座的约束，导致杆件收缩受限，因而产生拉

力。越靠近中心，拉力越大！

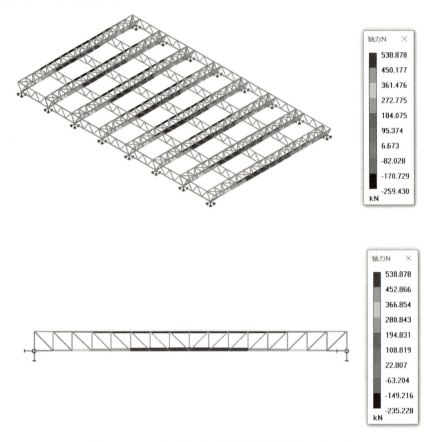

图 3.3-33　恒荷载加降温作用下管桁架的内力分布

通过以上涉及升降温的内力分布可以看出，温度作用对管桁架结构的内力影响非常大，特别是对支座产生水平反力。如何减小水平反力，是读者需要重点关注的地方，我们下一小节进行介绍。

最后，我们看一下涉及地震作用下的内力分布，如图 3.3-34 所示。可以看出，与温

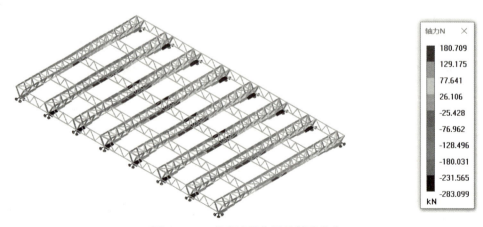

图 3.3-34　考虑地震作用的轴力分布

度作用相比，地震作用产生的结构内力不起主控作用。

以上就是对多榀管桁架拼装的结构建模及计算结果解读的主要流程，在计算结果合理的情况下进一步进行构件验算，构件验算部分不做重复介绍，读者可以参考网架部分的内容。

3.4 管桁架结构案例思路拓展

3.4 管桁架结构案例思路拓展

本节在上节计算分析的基础上，进一步思考如何降低支座水平力的问题。支座水平反力的背后是对水平位移的约束，相反释放约束就意味着释放位移，但是有一个潜在的风险就是刚度和内力分布的变化。下面，我们将一端改为滑动支座，来观察结构的动力特性和内力变形。

图 3.4-1 是一端铰接、另一端滑动的模型。从上一节我们可以看到，结构在 X 方向水平力较大，现在释放一侧的水平约束，来观察它的动力特性。

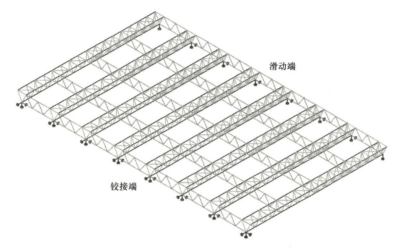

图 3.4-1 一端铰接、另一端滑动的模型

图 3.4-2 是计算之后的恒＋活荷载下的变形，可以看出同上一小节的两端全铰接约束不同，结构变形加大。

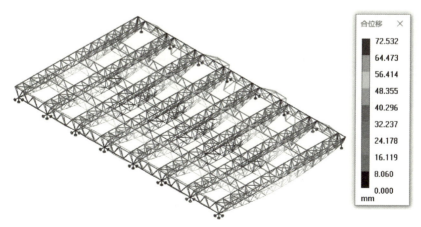

图 3.4-2 恒＋活荷载下的变形

图 3.4-3 是考虑恒荷载＋温度作用组合下的杆件内力。可以看出，无论是升温还是降温，因为一端为滑动支座，结构水平约束得到释放，杆件内力得到降低。

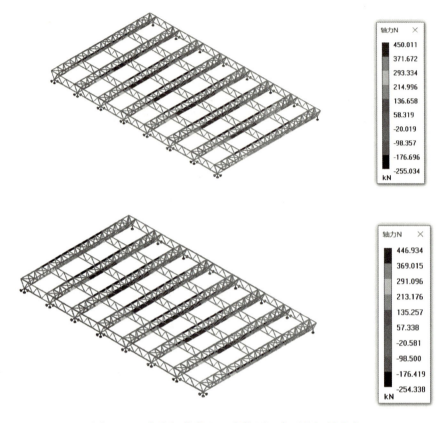

图 3.4-3　考虑恒荷载＋温度作用组合下的杆件内力

图 3.4-4 是恒荷载＋温度作用下部分支座的反力，可以看出之前出现的水平反力得到完全释放，对下部结构设计而言是非常有利的。这也是在空间结构中经常采用滑动约束的

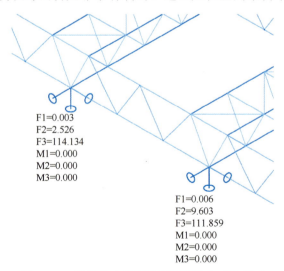

图 3.4-4　恒荷载＋温度作用下部分支座的反力

一个原因。

图 3.4-5 是恒＋活荷载下的杆件内力分布图。可以看出，此时的杆件内力分别呈典型的"简支梁"分布规律，跨中部分是上弦下弦杆件受力最大的部分；同时，两根上弦杆分担压力，符合倒三角形管桁架设计的初衷，因为钢结构怕压不怕拉。

图 3.4-5　恒＋活荷载下的杆件内力分布图

3.5　管桁架结构小结

本章重点介绍了 3D3S 设计管桁架的关键流程，读者重点把握管桁架设计的大流程，从单榀到多榀再到整体计算，3D3S 在其中的发挥作用不一样，不能抱着一个"3D3S 打天下"的心理，在单榀和多榀阶段充分利用它的便利性，整体计算用其他有限元软件进行复核。

关于管桁架的节点设计，读者在阅读完此章的基础上，可以进一步学习第 10 章的相关内容。

第 4 章

高耸结构 3D3S 计算分析与设计

4.1 高耸结构概念设计

4.1.1 高耸结构的本质

高耸结构在民用建筑中比较少，但在工业项目领域应用非常多，最典型的就是烟囱和输电塔架，如图 4.1-1 所示。

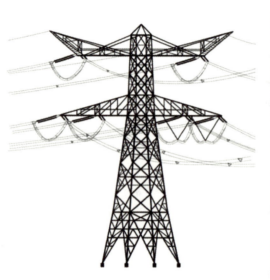

图 4.1-1 高耸结构

作为结构读者，对高耸结构的第一反应除了普通人认为的"高"，更应看到它背后的本质——悬臂梁。对于悬臂梁而言，自身安全冗余度相对于其他梁要小，它的受力特点是根部内力比较大，因此，一个正常的高耸结构应是从下到上截面收进的过程。

本章重点结合钢塔架讲解 3D3S 的分析流程。

在塔架结构设计中，第一个要注意的地方是底盘。底盘要够稳（就是底部宽度要足），一般可以取 1/4~1/6 的高度；实际中，它受到场地制约，最终控制以变形和内力控制为准。

第二个要注意的地方是学会合理使用图集。通常，专业的塔架结构有图集可以参考，读者需要学会选图集，更需要学会结合软件对塔架结构进行计算分析。

4.1.2 《高耸结构设计标准》GB 50135—2019 重点内容介绍

本部分就本章遇到的塔架钢结构结合《高耸结构设计标准》GB 50135—2019 进行介绍。

4.1.2-1 《高耸结构设计标准》重点内容介绍一

1. 结构的使用年限

《高耸结构设计标准》GB 50135—2019 第 3.0.3 条：高耸结构的设计使用年限应符合下列规定：

1　特别重要的高耸结构设计使用年限应为 100 年；
2　一般高耸结构的设计使用年限应为 50 年；
3　建于既有建筑物或构筑物上的通信塔，其设计使用年限宜与既有结构的后续设计使用年限相匹配；
4　风力发电塔的设计使用年限宜与发电设备的设计使用年限相匹配；
5　对有其他特殊要求的高耸结构，使用年限宜根据具体条件确定。

2. 结构的安全等级

《高耸结构设计标准》GB 50135—2019 第 3.0.5 条：高耸结构设计时，应根据结构破坏可能产生的后果，根据危及人的生命、造成经济损失、产生社会、环境影响等的严重性，采用不同的安全等级。高耸结构安全等级的划分应符合表 3.0.5 条的规定，并应符合下列规定：

1　高耸结构安全等级应按表 3.0.5 的要求采用。

表 3.0.5　高耸结构安全等级

安全等级	破坏后果	高耸结构类型
一级	很严重	特别重要的高耸结构
二级	严重	一般的高耸结构
三级	不严重	次要的高耸结构

注：1　对特殊高耸结构，其安全等级可根据具体情况另行确定；
　　2　对风力发电塔，安全等级应为二级。

2　结构重要性系数 γ_0 应按下列规定采用：
　　1) 对安全等级为一级的结构构件，不应小于 1.1；
　　2) 对安全等级为二级的结构构件，不应小于 1.0；
　　3) 对安全等级为三级的结构构件，不应小于 0.9。

3. 结构的正常使用极限状态

《高耸结构设计标准》GB 50135—2019 第 3.0.10 条：高耸结构按正常使用极限状态设计时，可变荷载代表值可按表 3.0.10 选取。

表 3.0.10　高耸结构按正常使用极限状态设计时可变荷载代表值

序号	高耸结构类别	验算内容	可变荷载代表值选用
1	微波塔	天线标高处角位移	标准值组合
2	带塔楼电视塔	塔楼处剪切变形	标准值组合

续表

序号	高耸结构类别	验算内容	可变荷载代表值选用
3	带塔楼电视塔	塔楼处加速度	频遇值组合
4	钢筋混凝土塔或烟囱	裂缝宽度验算	标准值组合
5	所有高耸结构	地基沉降及不均匀沉降验算	准永久值（频遇值）组合
6	所有高耸结构	顶点水平位移	标准值组合
7	非线性变形较大的高耸结构	计算非线性变形及其对结构的不利影响	标准值乘分项系数组合

注：括号内代表值适用于风玫瑰图呈严重偏心的地区，计算地基不均匀沉降时可用频遇值作为风荷载的代表值。

《高耸结构设计标准》GB 50135—2019 第 3.0.11 条：高耸结构正常使用极限状态的控制条件应符合下列规定：

1 对于装有方向性较强（如微波塔、电视塔）或工艺要求较严格（如石油化工塔）的设备的高耸结构，在不均匀日照温度或风荷载标准值作用下，设备所在位置塔身的角位移应满足工艺要求；

2 在风荷载或多遇地震作用下，塔楼处的剪切位移角 θ 不宜大于 1/300；

3 在风荷载的动力作用下，设有游览设施或有人员在塔楼值班的塔，塔楼处振动加速度幅值应符合公式（3.0.11-1）的规定，塔身任意高度处的振动加速度可按公式（3.0.11-2）计算：

$$a = A_f \omega_1^2 \leqslant 200 \quad (3.0.11\text{-}1)$$

$$\omega_1 = \frac{2\pi}{T_1} \quad (3.0.11\text{-}2)$$

式中：A_f——风压频遇值作用下塔楼处水平动位移幅值，其值为结构对应点在 $0.4w_k$ 作用下的位移值与 $0.4\mu_z\mu_s w_0$ 作用下的位移值之差，对仅有游客的塔楼可按实际使用情况取 A_f 为 6 级～7 级风作用下水平动位移幅值（mm）；

ω_1——塔第一圆频率（1/s）。

4 风力发电塔顶部加速度值不宜大于 $0.15g$，g 为重力加速度；

5 在各种荷载标准值组合作用下，钢筋混凝土构件的最大裂缝宽度应符合现行国家标准《混凝土结构设计规范》GB 50010 的规定，且不应大于 0.2mm；

6 高耸结构的基础变形值应符合本标准第 7.2.5 条的规定；

7 高耸结构在以风为主的荷载标准组合及以地震作用为主的荷载标准组合下，其水平位移角不得大于表 3.0.11 的规定。单管塔的水平位移限值可比表 3.0.11 所列限值适当放宽，具体限值根据各行业标准确定；但同时应按荷载的设计值对塔身进行非线性承载能力极限状态验算，并将塔脚处非线性作用传给基础进行验算。对于下部为混凝土结构、上部为钢结构的自立式塔，钢结构塔位移应符合表 3.0.11 的规定；其下部混凝土结构应符合结构变形及开裂的有关规定。

第4章 高耸结构 3D3S 计算分析与设计

表 3.0.11　高耸结构水平位移角限值

结构类型		以风或多遇地震作用为主的荷载标准组合作用下		以罕遇地震作用为主的荷载标准组合作用下	
		按线性分析	按非线性分析		
自立式塔	钢结构	$\dfrac{\Delta u}{H}$	1/75	1/50	$\dfrac{\Delta v}{h}$	1/50
	混凝土	$\dfrac{\Delta u}{H}$	1/150	1/100	$\dfrac{\Delta v}{h}$	1/50
桅杆		$\dfrac{\Delta u}{H}$	—	1/75	$\dfrac{\Delta v}{h}$	1/50
		$\dfrac{\Delta u'}{h}$	—	1/50		

注：Δu 为水平位移，与分母代表的高度对应；Δv 为由剪切变形引起的水平位移，与分母代表的高度对应；$\Delta u'$ 为纤绳层间水平位移差，与分母代表的高度对应；H 为总高度；h 对于桅杆为纤绳之间距，对于自立式塔为层高。

关于上面提到的剪切位移角，读者可以参考条文说明图 4.1-2 所示进行简单核算。在实际项目中，用 3D3S 进行计算重点控制的是顶点位移。

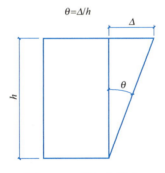

4.1.2-2 《高耸结构设计标准》重点内容介绍二

图 4.1-2　剪切位移角

4. 结构的地震作用计算及模型选择

《高耸结构设计标准》GB 50135—2019

3.0.15　在下列条件下，高耸钢结构可不进行抗震验算：

1　设防烈度为 6 度，高耸钢结构及其地基基础；

2　设防烈度小于或等于 8 度，一、二类场地的不带塔楼的钢塔架及其地基基础；

3　设防烈度小于 9 度的钢桅杆。

3.0.16　高耸结构应分别计算两个主轴方向和对角线方向的水平地震作用，并应进行抗震验算。

3.0.17　高耸结构的地震作用计算应采用振型分解反应谱法。对于重点设防类、特殊设防类高耸结构还应采用时程分析法做验算，地震波的选取应按现行国家标准《建筑抗震设计规范》GB 50011 执行。

3.0.18　高耸结构的扭转地震效应的计算应采用空间模型。

在实际项目中，随着电算软件的普及，一般的结构都可以进行地震作用计算。

5. 结构的荷载

《高耸结构设计标准》GB 50135—2019

4.1.1 高耸结构上的荷载与作用可分为下列三类：

1 永久荷载与作用

结构自重，固定的设备重，物料重，土重，土压力，初始状态下索线或纤绳的拉力，结构内部的预应力，地基变形作用等。

2 可变荷载与作用

风荷载，机械设备动力作用，覆冰荷载，多遇地震作用，雪荷载，安装检修荷载，塔楼楼面或平台的活荷载，温度作用等。

3 偶然荷载与作用

索线断线，撞击、爆炸、罕遇地震作用等。

4.2.7 条中关于塔架结构的体型系数：

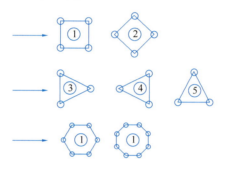

图 4.2.7-3 塔架结构截面形式

1 角钢塔架整体体型系数 μ_s 应按表 4.2.7-4 采用。

表 4.2.7-4 角钢塔架的整体体型系数 μ_s

ϕ	方形			三角形
	风向①	风向②		任意风向
		单角钢	组合角钢	③④⑤
≤0.1	2.6	2.9	3.1	2.4
0.2	2.4	2.7	2.9	2.2
0.3	2.2	2.4	2.7	2.0
0.4	2.0	2.2	2.4	1.8
0.5	1.9	1.9	2.0	1.6

注：1 挡风系数 $\phi=\dfrac{迎风面杆件和节点净投影面积}{迎风面轮廓面积}$，均按塔架迎风面的一个塔面计算。

2 六边形及八边形塔架的 μ_s 值，可近似地按表中方形塔架参照对应的风向①或②采用；但六边形塔迎风面积按两个相邻塔面计算，八边形塔迎风面积按三个相邻塔面计算。

4.3 节中关于塔架结构的覆冰荷载：

4.3.1 设计电视塔、无线电培植和输电高塔等类似结构时。应考虑结构构件、架空线、拉绳等表面覆冰后所引起的荷载及挡风面积增大的影响和不均匀脱冰时产生的不利影响。

4.3.2 基本覆冰厚度应根据当地离地 10m 高度处的观测资料和设计重现期分析计算

确定。当无观测资料时，应通过实地调查确定，或按下列经验数值分析采用：

1 重覆冰区：基本覆冰厚度可取20mm～50mm；
2 中覆冰区：基本覆冰厚度可取15mm～20mm；
3 轻覆冰区：基本覆冰厚度可取5mm～10mm。

4.3.3 覆冰重力荷载的计算应符合下列规定：

1 圆截面的构件、拉绳、缆索、架空线等每单位长度上的覆冰重力荷载可按下式计算：

$$q_1 = \pi b \alpha_1 \alpha_2 (d + b \alpha_1 \alpha_2) \gamma \times 10^{-4} \quad (4.3.3-1)$$

式中：q_1——单位长度上的覆冰重力荷载（kN/m）；
　　　b——基本覆冰厚度（mm），按本标准第4.3.2条的规定采用；
　　　d——圆截面构件、拉绳、缆索、架空线的直径（mm）；
　　　α_1——与构件直径有关的覆冰厚度修正系数，按表4.3.3-1采用；
　　　α_2——覆冰厚度的高度递增系数，按表4.3.3-2采用；
　　　γ——覆冰重度，一般取9kN/m³。

2 非圆截面的其他构件每单位面积上的覆冰重力荷载 q_a（kN/m²）可按下式计算：

$$q_a = 0.6 b \alpha_2 \gamma \times 10^{-3} \quad (4.3.3-2)$$

式中：q_a——单位面积上的覆冰重力荷载（kN/m²）。

表4.3.3-1　与构件直径有关的覆冰厚度修正系数 α_1

直径（mm）	5	10	20	30	40	50	60	≥70
α_1	1.10	1.00	0.90	0.80	0.75	0.70	0.63	0.60

表4.3.3-2　覆冰厚度的高度递增系数 α_2

离地面高度（mm）	10	50	100	150	200	250	300	≥350
α_2	1.0	1.6	2.0	2.2	2.4	2.6	2.7	2.8

4.5节中关于塔架结构的温度作用：

4.5.1 对带塔楼的多功能电视塔或其他旅游塔，应计算塔楼内结构和邻近处塔楼外结构的温差作用效应。电梯井道封闭的多功能钢结构电视塔应计算温度作用引起井道相对于塔身的纵向变形值，并采取措施释放其应力，且不应影响使用。计算温差标准值 Δt 为当地的历年冬季或夏季最冷或最热的钢结构日平均气温或钢筋混凝土结构月平均气温与室内设计温度之差值，正负温差均应验算。

4.5.2 高耸结构由日照引起向阳面和背阳面的温差，应按实测数据采用，当无实测数据时可按不低于20℃采用。

4.5.3 桅杆温度作用应按当地历年冬季或夏季最冷或最热的日平均气温与桅杆安装调试完成时的月平均气温之差计算。

6. 结构的构造要求

《高耸结构设计标准》GB 50135—2019

5.10.1 塔桅钢结构应采取防锈措施，在可能积水的部分必须设置排水孔。对管形和其他封闭形截面的构件，当采用热喷铝或油漆防锈时，端部应密封；当采用热浸锌防锈时，端部不得密封。在锌液易滞留的部位应设溢流孔。

5.10.2 角钢塔的腹杆应伸入弦杆，钢塔腹杆应直接与弦杆相连，或用不小于腹杆厚度的节点板连接；当采用螺栓连接时，腹杆与弦杆间的净距离不宜小于 10mm。当节点板与弦杆采用角焊缝连接时，尚应兼顾角焊缝高度的影响。

5.10.3 塔桅钢结构主要受力构件塔柱、横杆、斜杆及其连接件宜符合下列规定：
1 钢板厚度不应小于 5mm；
2 角钢截面不应小于∟45×4；
3 圆钢直径不应小于 $\phi16$；
4 钢管壁厚不应小于 4mm。

5.10.4 塔桅钢结构截面的边数不小于 4 时，应按结构计算要求设置横膈。当塔柱及其连接抗弯刚度较大，横膈按计算为零杆时，可按构造要求设置横膈，宜每隔 2 节～3 节设置一道横膈；在塔柱变坡处，桅杆运输单元的两端及纤绳节点处应设置横膈。横膈应具有足够的刚度。

5.10.5 单管塔底部开设人孔等较大孔洞时，应采取加强圈补强或贴板补强等补强措施。

4.2 高耸结构 3D3S 软件实际操作

4.2.1 高耸结构的建模

4.2.1 高耸结构的建模

本小节以 25m 高的三角形塔架（中间固定一烟囱）进行操作介绍。

第一步，切换 3D3S 的塔架模块。

如图 4.2-1 所示，此模块主要方便用 3D3S 软件进行塔架结构的建模。

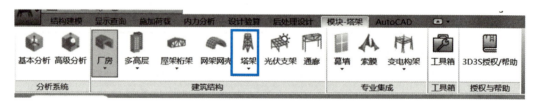

图 4.2-1 塔架模块

第二步，建立塔架模型。

点击塔架建模向导，如图 4.2-2 所示，弹出塔架模型库。此模型库为常见的塔架模型，读者可以根据需求自行添加，如图 4.2-3 所示。

图 4.2-2 塔架建模向导

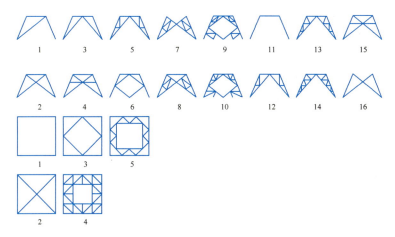

图 4.2-3 塔架模型

在塔架建模向导中,输入基本的信息,最关键的一个是高度和段数,一个是和底盘相关的形状,比如本案例根据建筑工艺条件选择三角形形状,段数分十段,几何信息如图 4.2-4 所示,生成的塔架模型如图 4.2-5 所示。

图 4.2-4 塔架信息　　图 4.2-5 塔架模型

第三步，对塔架模型进行荷载添加。

塔架结构一般涉及的荷载有：恒荷载、活荷载、风荷载、温度作用、覆冰荷载、地震作用。恒、活、风荷载的荷载工况定义如图4.2-6所示。与其他空间结构定义方法类似，恒荷载除了自身重量，主要为烟囱支点传来的节点荷载1.5kN，活荷载主要是顶部平台检修荷载，通过双向导荷到杆件来实现，三个方向的风荷载同样通过双向导荷到节点来实现。

图4.2-7和图4.2-8分别是恒、活、风（三个）荷载工况作用下的荷载显示，读者重点复核典型数据和荷载方向。

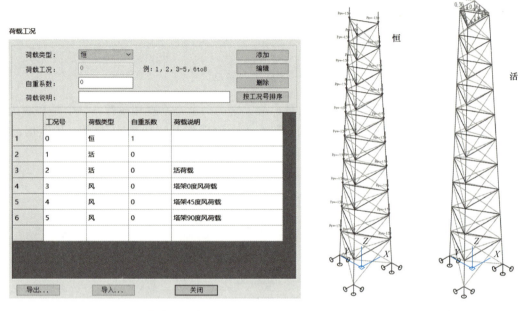

图4.2-6 荷载工况定义　　　　图4.2-7 恒、活荷载显示

图4.2-8 风荷载显示

温度作用和地震作用的定义和其他结构一样，这里不做赘述，下面重点介绍一下覆冰荷载的添加。在上一小节已经介绍过覆冰荷载，在3D3S中重点通过设置覆冰厚度来实现，如图4.2-9所示，通过查看覆冰厚度来确保覆冰荷载的添加。

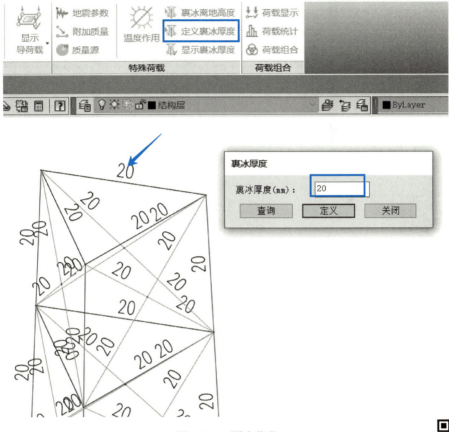

图4.2-9 覆冰荷载

上面就是模型前处理的全部过程，接下来就可以进行计算。

4.2.2-1 高耸结构的计算结果解读一

4.2.2 高耸结构的计算结果解读

通过上一小节的建模计算，下面我们开始进行结果解读。

第一步，观察结构的周期和振型。

图4.2-10为塔架结构的周期，可以排除结构的机构性。图4.2-11是结合周期进一步观察的前三个主要振型，读者可以体会结构的振动情况。

第二步，重点观察结构的水平位移。

图4.2-12是恒+风荷载作用下的变形，可以看出在三个不同角度的风荷

图4.2-10 塔架结构周期

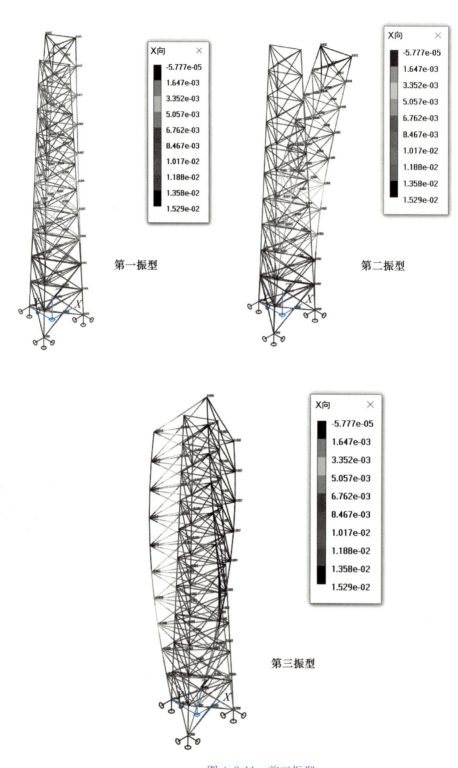

图 4.2-11 前三振型

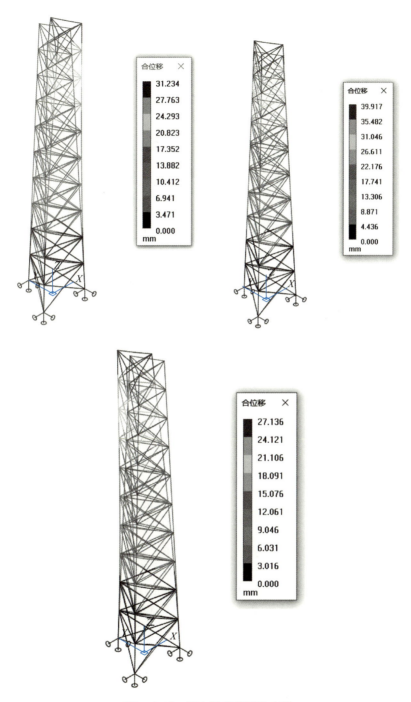

图 4.2-12　恒＋风荷载下的变形

载作用下,变形最大的点发生在顶部,位移在 40mm 以内,满足规范要求。同时,也提醒读者,在进一步优化的时候,塔架结构底部边长可适当缩小。

图 4.2-13 是恒荷载＋升降温作用下的变形,可以看出温度作用在塔架结构中一般不起控制作用。原因很简单,它的本质是悬臂梁,约束较弱,热胀冷缩得到了充分发挥。

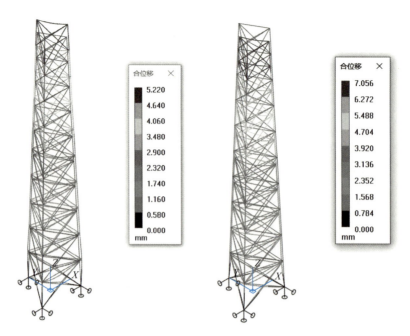

图 4.2-13　恒荷载＋升降温作用下的变形

图 4.2-14 是考虑覆冰荷载的变形，变形不起主控作用。

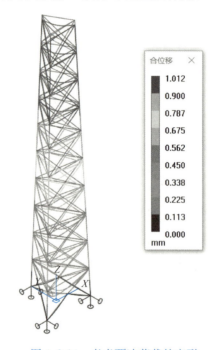

图 4.2-14　考虑覆冰荷载的变形

图 4.2-15 是考虑地震作用的变形。与风荷载相比，塔架结构的地震作用一般不起主控作用。后面关注内力时，重点关注与风荷载相关的组合。

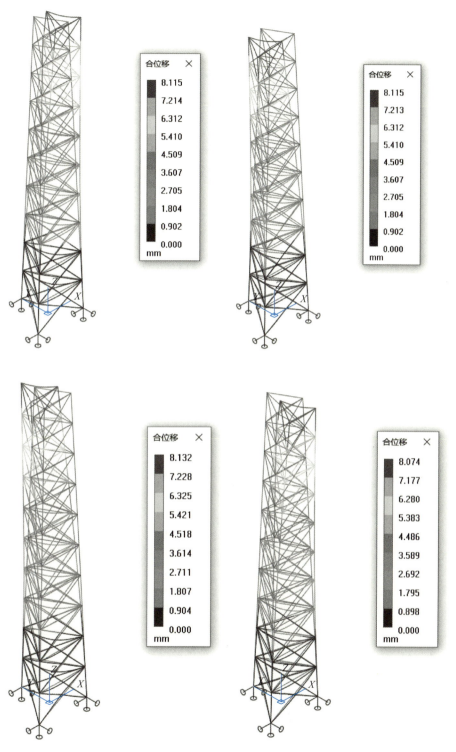

图 4.2-15 考虑地震作用的变形

以上是塔架结构重点荷载作用下的变形，读者在实际项目中要灵活观察。比如，风荷载作用下的变形也可以通过不同视角观察，如图 4.2-16 所示，通过前视图来辅助观察塔架从上到下的位移变化规律，方便比较。

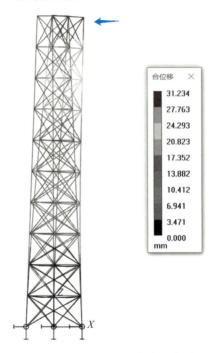

图 4.2-16　前视图观察水平位移

第三步，观察结构的内力。

图 4.2-17 是恒＋活荷载作用下的轴力，可以看出从上到下主杆件轴力逐渐增加，均为压力。

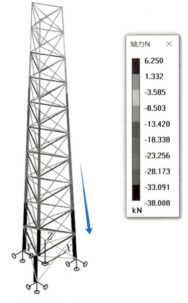

图 4.2-17　恒＋活荷载下的轴力

图 4.2-18 是恒荷载+风 1 作用下的轴力。为了便于观察，图中列出三维视图和前视图的轴力分布。读者可以看出，在风荷载参与下，弦杆呈现拉压变化，从上到下逐渐累加。

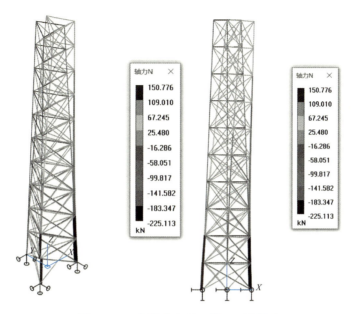

图 4.2-18　恒荷载+风 1 作用下的轴力

图 4.2-19 是恒荷载+风 2 作用下的轴力。为了便于观察，图中列出三维视图和左视图的轴力分布。读者可以看出，在风荷载参与下，弦杆呈现拉压变化，从上到下逐渐累加。

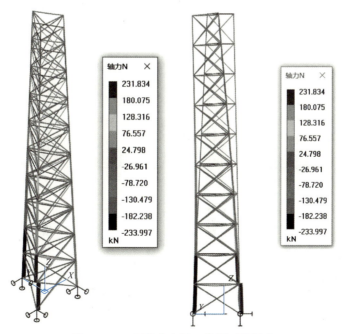

图 4.2-19　恒荷载+风 2 作用下的轴力

图 4.2-20 是恒荷载＋风 3 作用下的轴力。为了便于观察图中列出三维视图和左视图的轴力分布，读者可以看出风荷载参与下，弦杆呈现拉压变化，从上到下逐渐累加。

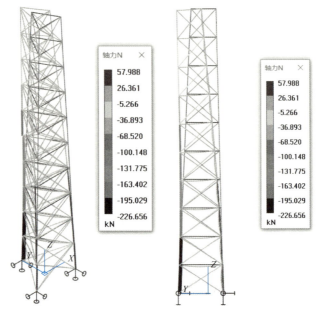

图 4.2-20　恒荷载＋风 3 作用下的轴力

由上面可以看出，考虑风荷载后，杆件的轴力明显增加，通过拉压来平衡弯矩，而增大底盘就是增加力臂，是减小轴力的有效措施。代价是占地面积的大小，这需要结构设计师和建筑设计师的互相博弈。

图 4.2-21 和图 4.2-22 分别是恒荷载＋升温、恒荷载＋降温作用下的轴力分布。可以

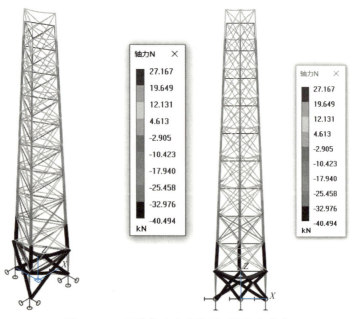

图 4.2-21　恒荷载＋升温作用下的轴力分布

发现，距离支座越近，杆件约束越强，升降温下轴力越大。数值上与其他工况相比普遍偏小，但是提醒读者留意支座附近的杆件。

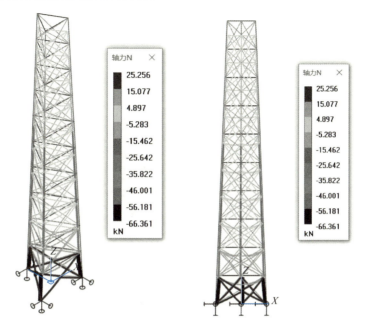

图 4.2-22　恒荷载＋降温作用下的轴力分布

图 4.2-23 是考虑覆冰荷载的轴力分布，杆件内力略有增加。

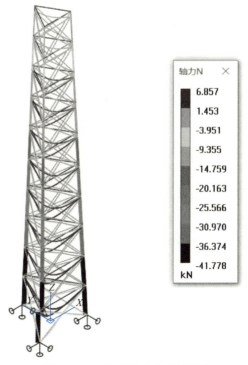

图 4.2-23　考虑覆冰荷载的轴力

图 4.2-24 是考虑地震作用的轴力分布。与风荷载相比，内力分布形式类似，但是数值相差一个数量级，进一步证明风荷载的主控作用。

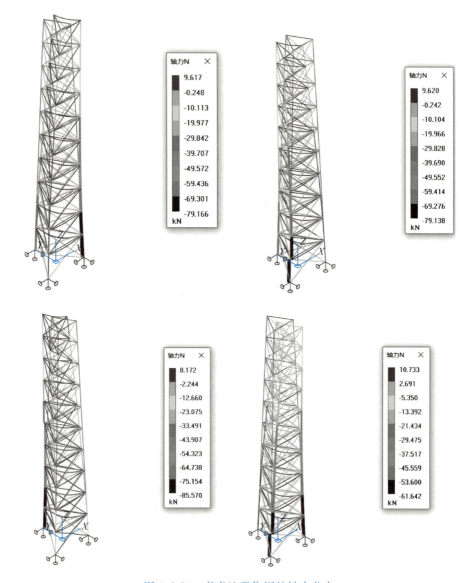

图 4.2-24　考虑地震作用的轴力分布

以上是塔架结构在不同荷载工况下的内力分布，结合变形，可以确定很多塔架结构的主控荷载，这样在后续杆件设计时做到有的放矢。

第四步，观察支座反力。

如图 4.2-25 所示，读者可以根据支座反力复核荷载的准确参与度，同时可以预估柱脚的选型。

以上是塔架结构的关键结果解读。

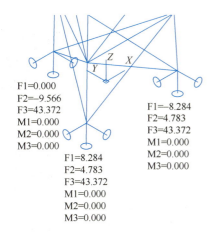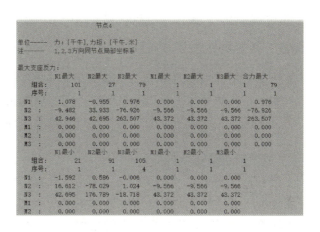

图 4.2-25 支座反力

4.3 高耸结构案例思路拓展

4.3.1 位移不足如何处理

在 4.2 节中，我们是以铰接的支座约束进行的分析计算，重点关注的是变形。如果位移不满足，那么该怎么办呢？

这里，一般有三种处理思路：第一种是距离位移限值不多的情况下，改变杆件尺寸即可；第二种是将支座约束进行修改，改为固结，如图 4.3-1 所示；第三种是改变底盘尺寸，增大力臂。

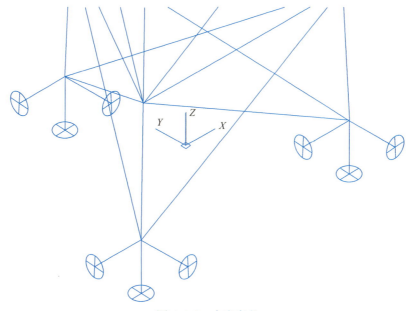

图 4.3-1 支座定义

在实际项目中，以上三种可以根据具体情况综合处理。

4.3.2 支座刚接还是铰接

本质上是结构刚度的需求，一般 30m 以内的塔架，建议作铰接处理即可实现；如果结构变形实在难以满足要求，建议作刚接处理。

就支座而言，铰接基础部分成本低，刚接基础部分经济代价高。

4.4 高耸结构小结

本章重点介绍了 3D3S 设计塔架结构的关键流程，读者重点把握塔架设计的本质是悬臂梁，计算中重点把握主控水平荷载，控制顶点变形，在此基础上进行构件层面的设计。在方案比选阶段，读者也可以借助犀牛 Grasshopper 参数化进行模型创建，便于对比分析。可参看本套丛书中笔者编写的《Grasshopper 参数化结构设计入门与提高》一书。

另外，在塔架结构中，角钢出现的频率很高，读者可以思考为何选用角钢截面？在实际项目中，工程条件复杂多变，开口截面节点处理非常方便，但是有时迫于计算需求，也可以在部分位置使用闭口截面。

第 5 章

户外广告牌类结构 3D3S 计算分析与设计

5.1 广告牌结构概念设计

5.1.1 广告牌类空间结构介绍

广告牌在生活中非常常见,从结构的角度看,它不像上一章的高耸结构特点那么突出。它可以依附于主体结构,如建筑物表面上的矩形大广告牌,也可以独立自成一种结构,如图 5.1-1 所示。

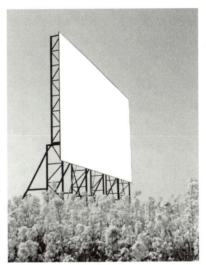

图 5.1-1 广告牌

从结构的本质上看,广告牌大部分以桁架结构为主,本章我们从最简单的广告牌开始进行案例拓展,带读者体会从二维到三维、从平面到空间的广告牌设计。

5.1.2 广告牌类钢结构相关标准重点内容介绍

其实,国内广告牌的相关标准比较滞后。对读者而言,完全可以遵照大标准,比如《钢结构设计标准》GB 50017(以下简称《钢标》)进行设计,但是有些针对广告牌的标准还是值得参考借鉴,规范、标准可能每 5~10 年更新一次,但是基本的结构概念不会变化。本小节我们重点介绍《户外广告设施钢结构技术规程》CECS 148:2003(以下简称"《广告钢规》")中一些值得借鉴的内容。

1. 针对广告牌面板的风荷载体型系数

如表 5.1-1 所示,方便读者直接选用。

广告牌面板体型系数　　　　　表 5.1-1

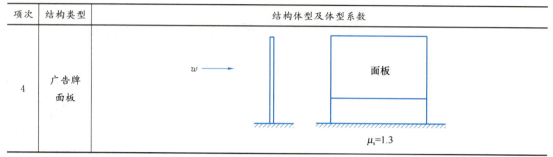

项次	结构类型	结构体型及体型系数
4	广告牌面板	$\mu_s = 1.3$

2. 关于地震作用的规定

如《广告钢规》第 4.3.1 条所示。其相关内容总结起来就是水平地震都考虑,悬臂外伸广告牌考虑竖向地震,对 3D3S 软件来说,地震作用的实现非常容易了。

4.3.1　在地震设防烈度为 7~9 度地区的户外广告牌钢结构必须进行抗震设计。特别是高层、多层建筑的屋顶广告牌和墙面广告牌,在有条件时应与建筑物同时考虑地震作用。

对于广告牌的悬挑桁架、悬臂梁等外伸结构,还应考虑竖向地震作用。

3. 关于广告牌安全等级的规定

如《广告钢规》第 5.1.3 条所示。对应三个安全等级,但是使用年限和其他房屋建筑结构不同,它的最高使用年限为 20 年,这个条文可以作为读者的一个设计依据。

5.1.3　户外广告牌结构的安全等级可分为三级:

1　位于重要位置,或重要广告,或使用年限超过 20 年的为一级广告牌;

2　位于次重要位置的次重要广告,且使用年限超过 5 年的为二级广告牌;

3　位于空旷场地,破坏时人身危险小,广告重要性较小,且使用年限不超过 5 年的为三级广告牌。

4. 广告牌的结构形式

《广告钢规》第 5.2.1 条将广告牌分为三类:落地式广告牌、墙面广告牌和屋顶广告牌。图 5.1-2 为落地式广告牌,这类结构支座为大地。图 5.1-3 为墙面广告牌,这类结构支座为主体结构周圈梁柱。图 5.1-4 为屋顶广告牌,这类结构支座为屋顶梁板。

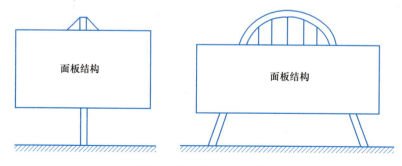

图 5.1-2　落地式广告牌

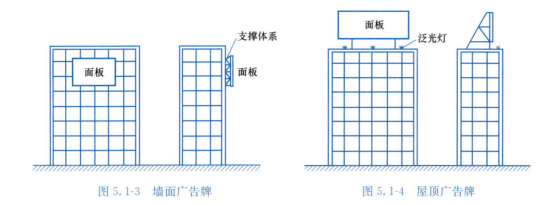

图 5.1-3 墙面广告牌　　　　　　图 5.1-4 屋顶广告牌

5. 广告牌的支撑布置

如图 5.1-5 所示，面内通过竖向和水平支撑将广告牌构成一个整体。读者可以思考，随着高度的增加，面外刚度如何保证？

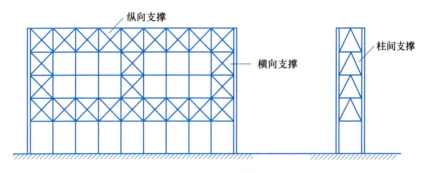

图 5.1-5 支撑系统

6. 变形规定

户外广告牌和其他钢结构不同，其大部分情况下不存在上人走动问题，对变形及舒适度没有太严格的使用要求。《广告钢规》第 5.4.1～5.4.5 条关于变形方面的控制，可以供读者参考选用。

5.4.1 在风荷载（标准值）作用下，落地式广告牌钢结构顶点的水平位移不应超过该点离地高度的 1/100。

5.4.2 在风荷载（标准值）作用下，落地式广告牌钢结构横梁的挠度限值为 $l/150$（l 为横梁跨度）。

5.4.3 在风荷载（标准值）作用下，墙面式广告牌钢结构悬臂梁的挠度限值为 $l/150$（l 为悬臂长度）。

5.4.4 在风荷载（标准值）作用下，屋顶式广告牌钢结构立柱和横梁的变形限值与落地式广告牌钢结构相同。

5.4.5 各种形式广告牌钢结构，当采用平面或空间杆架结构形式时，构件的长细比 λ 不应超过下列规定：

受压弦杆、斜杆、横杆：　　　　　　150；
辅助杆：　　　　　　　　　　　　　200；

受拉杆：250；

预应力拉杆的长细比不限。

7. 支座设计

支座是户外广告牌设计的薄弱环节，支座的处理之间决定了其使用年限。《广告钢规》第 7.2.1～7.2.4 条是对墙面广告牌支座的要求，第 7.3.1～7.3.4 条是对屋顶广告牌支座的要求。特别提醒读者，后锚固选用的化学锚栓一定要用品牌锚栓，保证锚栓的质量。

7.2.1 墙面广告牌支座应附设在房屋或构筑物的墙面上，应确定或验算房屋或构筑物墙面能可靠地承受广告牌支座传递的力，并有必要的安全储备。

7.2.2 墙面广告牌支座可用焊接、螺栓或锚栓与墙面的柱或梁中的预埋件连接。可采用质量合格的化学锚栓、植筋和自墙底锚栓连接，严禁采用摩擦型膨胀锚栓连接。

7.2.3 墙面广告牌支座与房屋或构筑物墙面的连接，应按正常内力的 2.0 倍验算安全性，且应采取措施严防高空坠物。

7.2.4 支承螺栓或锚栓的混凝土埋置深度应达到 30～40d（d 为螺栓直径）；锚栓的安装应满足所用产品的技术要求。当埋置深度不够时，应采取螺栓对穿夹板的连接方式，同时还应有足够厚度的混凝土保护层。

7.3.1 屋顶广告牌支座布置应与屋顶柱网布置相协调，应能直接承担广告牌结构传来的支座压力、拔力和剪力。

7.3.2 屋顶广告牌支座可用焊接、螺栓或锚栓与屋顶梁或柱中的预埋件连接，并应可靠地将广告牌支座承受的荷载分散传递至下部结构。

7.3.3 屋顶广告牌支座严禁采用摩擦型膨胀螺栓连接。当采用质量合格的化学锚栓、植筋和自墙底锚栓时，必须具有确切的技术参数和质保体系。

7.3.4 支承螺栓或锚栓的混凝土埋置深度应达到 (30～40)d（d 为螺栓直径）；锚栓的安装应满足所用产品的技术要求。当埋置深度不够时，可采取与梁、柱钢筋焊接的方法处理，同时应有足够厚度的混凝土保护层。

8. 构件防腐的要求

《广告钢规》相关条文如第 8.3.1～8.3.9 条所示，户外类的广告牌可以参考使用。

8.3.1 钢结构广告牌构件制作完成后必须进行防腐处理，宜选用热浸镀锌法和热喷涂锌铝复合涂层法。

8.3.2 钢结构除锈质量分为三级，其质量标准应符合表 8.3.2 的规定。

表 8.3.2　除锈质量等级

等级	除锈方法	质量标准
1	喷钢矿砂或石英砂除锈	钢材表面露出金属色泽
2	喷砂抛丸和酸洗	钢材表面露出金属色泽
3	一般工具清除（钢铲、钢刷）	钢材表面存留少量轧制表皮

注：1、2 级用于出厂检验，3 级用于补涂时除锈处理。

8.3.3 热浸镀锌表面应光滑，在连接处不允许有毛刺、满瘤和多余结块，并不得有过酸洗或露铁等缺陷。

8.3.4 镀锌附着量和锌层厚度应符合表 8.3.4 的规定。

表 8.3.4 镀锌附着量和锌层厚度

镀锌件厚度	锌附着量	锌层厚度
<5mm	>460g/m²	≥65μm
≥5mm	>610g/m²	≥86μm

8.3.5 镀件的锌层应均匀，应与基本金属结合牢固。经锤击试验，锌层不应剥离，不应凸起。

8.3.8 热喷涂前应进行预加热。锌和铝溶液喷涂应均匀，涂层厚度不应小于100μm；复合喷涂的涂层厚度不应小于80μm。

8.3.9 钢构件采用油漆防腐时，宜做到 2 底 3 面，底漆和面漆配套使用，并应符合表 8.3.9 的规定。

表 8.3.9 油漆要求

项目	底漆 2 度	面漆 2～3 度
1	氧化铁红	油性漆、醇酸漆、酚醛漆、酯酸漆
2	环氧铁红	酯酸漆、醇酸漆、酚醛漆、氯化橡胶漆
3	环氧富锌	醇酸漆、酚醛漆、氯化橡胶漆、环氧漆、聚氨酯漆
4	无机富锌	环氧漆、聚氨酯漆

注：1 优先选用表中第 3、4 项，涂数遍数应达到 2 底 2～3 面，涂层干漆膜总厚度不应小于150μm；
　　2 坡口全熔透焊接部位应采用环氧富锌漆；
　　3 户外广告牌钢结构外露部分涂装色彩的选择应满足市容景观要求，与周围环境相协调。

9. 广告牌安装规定

《广告钢规》相关条文如第 9.1.1～9.1.5 条所示，读者留意图第 9.1.1 条中提出的安装时稳定要求和不产生永久变形要求。

9.1.1 广告牌钢结构安装时必须确保结构的稳定性和不产生永久变形。墙面和屋顶广告牌安装必须注意安全。

9.1.2 安装前应核对进场的构件，查验质量证明书和设计文件。

9.1.3 广告牌安装时应具备下列条件：
1 设计文件齐备，且已审查通过；
2 基础（支座）已验收合格；
3 构件齐全，质量合格，并有产品质量保证书；
4 施工组织设计及施工方案已经批准；
5 辅助材料、劳动组织配备齐全；
6 机具设备经检验性能良好；
7 施工场地符合施工组织设计要求；
8 水、电、道路能满足需要并能保证连续施工。

9.1.4 当构件必须在工地进行制孔、组装、焊接时，其质量要求应符合本规程第 8 章的有关要求。安装时螺孔不应采用气割扩孔。

9.1.5 构件安装和校正时，如检测空间的间距和跨度超过 10m，应采用夹具和拉力器配合钢卷尺使用，其拉力值应根据温差换算标定读数。

10. 广告牌的维护和保养要求

《广告钢规》相关条文如第11.1.1、11.1.2条所示。此部分虽然和技术问题关联度不大，但是非常重要，可以作为读者设计广告牌的免责条款。

11.1.1 日常维护与保养应按下列规定进行：

1 户外广告牌钢结构防腐保养必须每年进行一次，发现有锈蚀、油漆脱落、龟裂、风化等现象时，应进行基底清理、除锈、修复、重新涂装；

2 当涂层表面光泽失去达80%、表面粗糙、风化龟裂达25%和漆膜起壳时，应及时维护；

3 构件连接点（焊缝、螺栓、锚栓）应每年检查一次，发现焊缝有裂痕、节点松动时，应及时修补及紧固；

4 对灯光、供电、电气控制设备应每月维护一次，确保用电安全，确保不发生漏电、不亮灯现象。灯光照明应做到即坏即修，确保市容景观完好无损。

11.1.2 突击维护与保养应按下列规定进行：

1 在大风季节，应对户外广告牌钢结构进行突击检修和维护保养，重点是结构强度、刚度和结构节点、连接焊缝、螺栓、地脚螺栓（锚栓）；

2 在大风季节，应对户外广告牌钢结构面板连接的牢固程度进行检修保养和加固处理，尤其是面板的螺钉（包括铆钉），材料的风化、锈蚀程度。薄膜结构的广告画面，应对其牢固度、风化、老化程度进行检修和加固，钢绳的绑扎应牢固可靠；

3 在大风雷雨季节和梅雨季节，应检查避雷设施和电器安全保险设置，保证安全、正常使用。

11. 广告牌的安全检测要求

《广告钢规》相关条文如第11.2.1~11.2.4条所示。此处与上一个的内容性质类似，也属于读者的免责条款，建议一并加入施工图设计说明中。

11.2.1 户外广告牌必须定期进行安全检测，保证在规定的设计使用年限内安全使用。

新安装的户外广告牌钢结构使用2~3年后，必须进行安全检测。经安全检测并取得安全使用许可证的户外广告牌钢结构，可使用2年（油漆）~5年（热浸锌）。此后，用油漆防腐的钢结构每2~3年应检测一次，用热浸锌防腐的钢结构每5~8年应检测一次。

11.2.2 户外广告牌钢结构应进行下列安全检测：

1 户外广告牌钢结构的强度、刚度和稳定性的验算复核，以及制作、安装质量的检查；

2 户外广告牌钢结构防腐和节点连接外观的检测；

3 户外广告牌地脚螺栓、基础的安全检测；

4 电器和避雷接地系统的安全检测。

检测后，对不符合要求的部位应提出处理意见。经处理并补测合格和获得安全使用许可证后，方能进入下一阶段的使用。

11.2.3 户外广告牌安全检测必须由具有专业检测资质的单位（部门）进行。

11.2.4 户外广告牌的产权单位，应按时向政府主管部门和有资质的专业部门申报检测。

5.2 单柱悬臂广告牌

本小节我们从单柱悬臂广告牌开始,为一个距离地面 3m,面板尺寸为 3m×5m 的广告牌进行设计。下面介绍重点流程。

第一步,建立 6m 高的悬臂立柱和 3 根 5m 长的横梁。

如图 5.2-1 所示。截面采用箱形截面,材料为 Q235B,在此基础上增设次龙骨,如图 5.2-2 所示。这里提醒读者,考虑到单柱广告牌的安全冗余度低,同时杆件双向受弯,建议采用箱形截面。

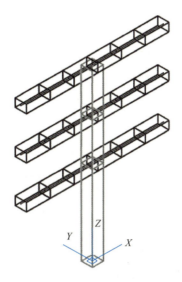

图 5.2-1 立柱加横梁

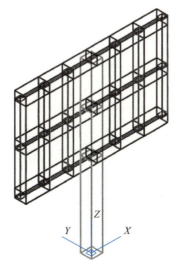

图 5.2-2 广告牌主体

第二步，在此基础上添加荷载。

恒荷载、活荷载和风荷载通过杆件导荷添加，地震作用和温度作用通过参数设置添加。风荷载我们就考虑一个方向的水平风荷载，另一个方向迎风面很小，可以忽略。图 5.2-3 是荷载工况定义设置，分别为恒荷载、活荷载和风荷载。图 5.2-4 是导荷范围的定义，建议读者采用单向导荷到杆件，受力更加贴近实际。图 5.2-5 是导荷封闭面，之后可以进行导荷。

5.2-2 单柱悬臂广告牌二

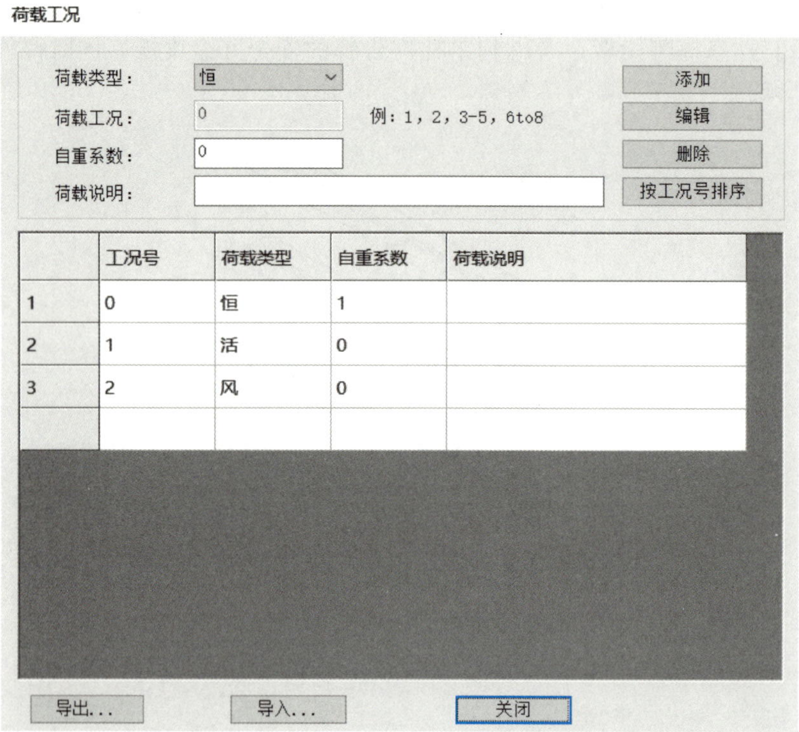

图 5.2-3 荷载工况定义设置

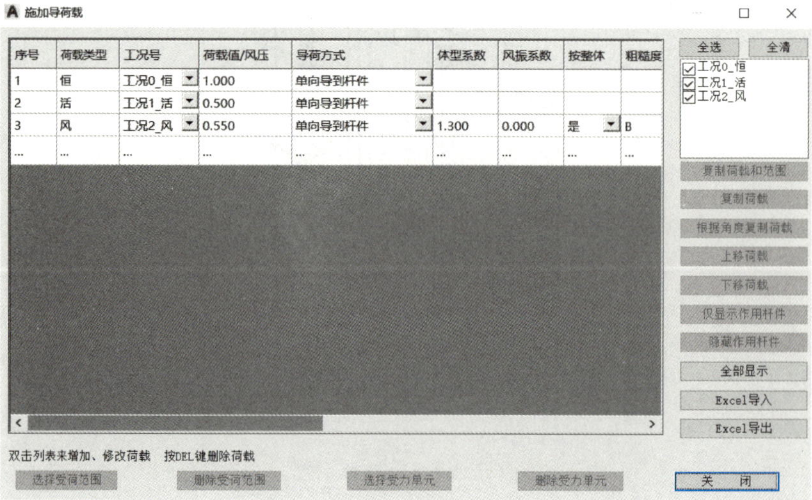

图 5.2-4 导荷范围的定义

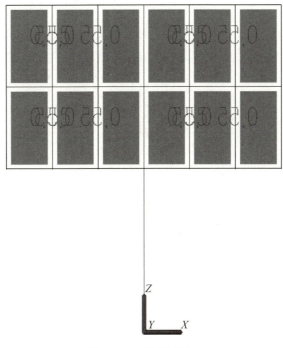

5.2-3 单柱悬臂广告牌三

图 5.2-5 导荷封闭面

导荷完毕后，通过显示荷载来查看导荷情况，确保荷载都已经导到杆件上，图 5.2-6 是恒荷载和活荷载的导荷情况，图 5.2-7 是风荷载的导荷情况。

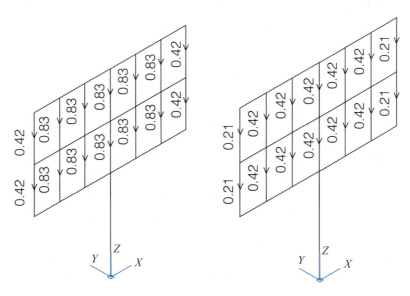

图 5.2-6 恒荷载和活荷载的导荷

温度和地震作用的参数设置和其他空间结构类似，这里不再赘述。定义完毕后，即可进行计算和结果查看。

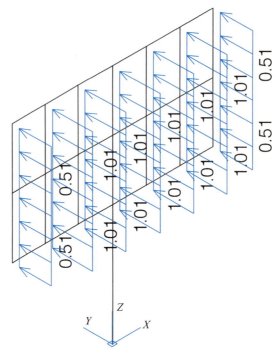

图 5.2-7 风荷载的导荷

第三步，查看平面结构的周期和振型。

图 5.2-8 是周期，读者可以与其他小结类型的广告牌作对比。图 5.2-9 是前三阶振型，第一振型以左右平动为主，也是周期最大的振型，需要激发此振型的能量最小。

周期查询

振型	周期（秒）	各振型质量参与系数		
		X方向	Y方向	Z方向
1	0.30198	73.60%	0.00%	0.00%
2	0.28169	0.00%	87.65%	0.00%
3	0.17064	0.00%	0.00%	0.00%
4	0.04853	26.20%	0.00%	0.00%
5	0.04261	0.00%	11.63%	0.00%
6	0.03200	0.00%	0.00%	0.00%
7	0.02502	0.00%	0.00%	79.56%
8	0.02015	0.00%	0.16%	0.00%
9	0.01628	0.00%	0.13%	0.00%
		99.80%	99.57%	79.56%

图 5.2-8 广告牌周期

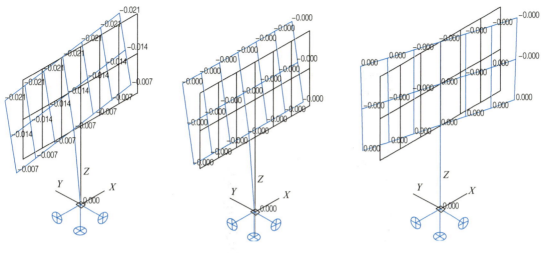

图 5.2-9　前三阶振型

第四步，查看内力。

图 5.2-10 是恒荷载＋活荷载组合下的弯矩分布，由于构件采用闭口截面，尺寸相差不大，未定义铰接，因此图中两侧弯矩呈刚接刚架的形式分布，立柱与横梁交接处弯矩最大，为典型的整体悬臂梁形状。图 5.2-11 是恒荷载＋活荷载组合下的轴力分布。可以看出，此类结构竖向荷载的传递最终通过立柱传递给大地，典型的"百川归海"似的传递模式。

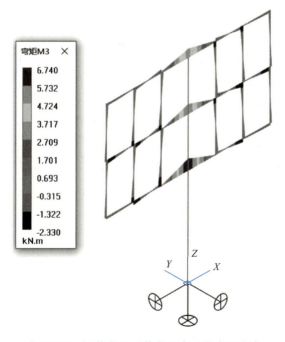

图 5.2-10　恒荷载＋活荷载组合下的弯矩分布

图 5.2-12 是恒荷载＋风荷载组合下的弯矩分布。可以看出，在风荷载作用下，柱底弯矩相较于其他工况非常大，是柱脚设计的关键数据。

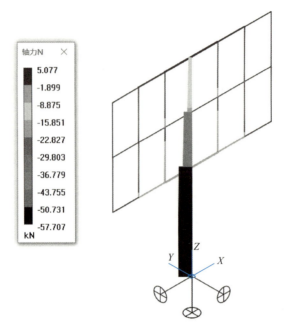

图 5.2-11　恒荷载+活荷载组合下的轴力分布

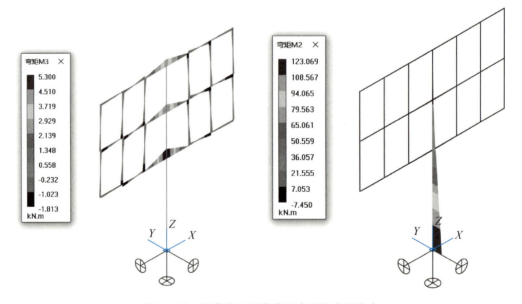

图 5.2-12　恒荷载+风荷载组合下的弯矩分布

第五步，查看变形。

图 5.2-13 是恒荷载+活荷载组合下的变形，可以看出广告牌结构竖向荷载一般不起控制作用。

图 5.2-14 是恒荷载+风荷载组合下的变形，可以看出顶部变形最大约 12mm，远大于竖向荷载下的变形，是读者需要重点关注的地方。

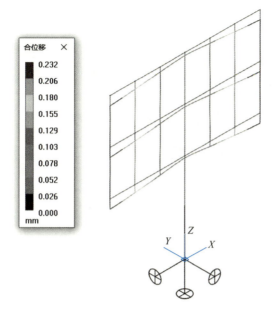

图 5.2-13 恒荷载＋活荷载组合下的变形

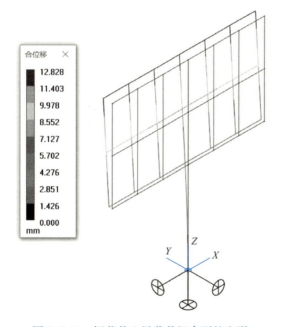

图 5.2-14 恒荷载＋风荷载组合下的变形

第六步，查看支座反力，进行柱脚和基础的设计。

图 5.2-15 是支座反力，用于进一步的柱脚和基础设计。

以上是对单柱悬臂广告牌结构设计的重点步骤的介绍。

如果将上述条件进行变化，距离地面 7m，面板尺寸变为 3m×5m。这时，我们可以对上述模型进行变化，恒荷载＋风荷载组合下的变形计算结果如图 5.2-16 所示，可以发现，柱顶位移将近 100mm。比之前几乎增大了十倍，这种变形不是单纯依靠增加截面可以解决的。

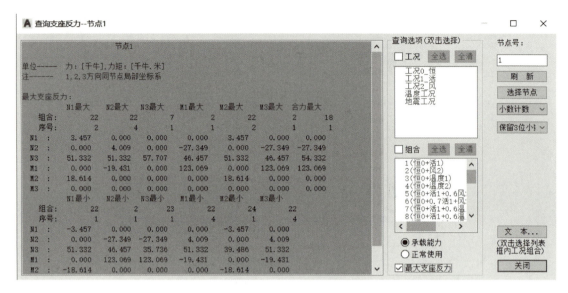

图 5.2-15 支座反力

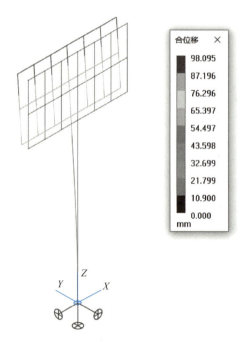

图 5.2-16 恒荷载＋风荷载组合的变形

进一步观察结构的周期，如图 5.2-17 所示，也增加了近 2.5 倍，这种刚度的削弱通过增加杆件弥补的效率很低。

最后，我们看一下柱底弯矩，如图 5.2-18 所示。可以发现，弯矩是原来的两倍，这给基础和柱脚设计带来了很大的难度。

要解决以上问题，请看下一节的内容。

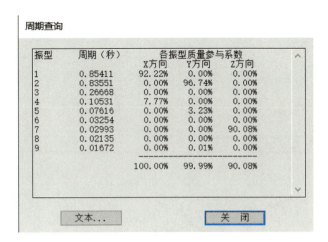

图 5.2-17　结构周期

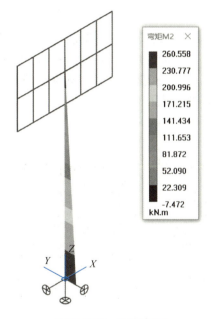

图 5.2-18　柱底弯矩

5.3　格构式广告牌

本小节我们继续上一小节遗留的问题,进行格构式悬臂广告牌的创建。

第一步,对立柱进行格构化建模。

如图 5.3-1 所示,在此步建模中,格构立柱之间的距离是需要和建筑专业提前沟通协调的,在满足结构要求的前提下越小越好。

上面模型搭建完成后,即可进行计算。

第二步,查看周期和振型。

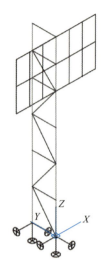

图 5.3-1　格构柱广告牌建模

图 5.3-2 是周期，可以与之前的悬臂立柱模型进行对比。发现周期依然会增大，主要是由悬臂类结构的特点所决定。随着高度的增加，只会越来越柔。图 5.3-3 是前三阶振型，可以发现格构式柱实际是一个片桁架，它的顶部没有约束，因此很容易摆动。试想一下，如果高度变为 20m，片桁架方案是否还成立呢？

振型	周期（秒）	各振型质量参与系数		
		X方向	Y方向	Z方向
1	0.77047	73.96%	0.00%	0.00%
2	0.24255	2.42%	0.00%	0.00%
3	0.21180	0.03%	0.00%	0.00%
4	0.13354	0.00%	80.35%	0.23%
5	0.11504	12.48%	0.00%	0.00%
6	0.05595	3.30%	0.00%	0.00%
7	0.03341	3.06%	0.00%	0.00%
8	0.02579	0.00%	10.85%	13.71%
9	0.02525	0.01%	0.00%	0.00%
		95.26%	91.20%	13.94%

图 5.3-2　周期

第三步，重点查看恒荷载+风荷载下的变形。

如图 5.3-4 所示，可以发现柱顶变形非常小，高效地解决了顶部变形过大的问题；同时，也提醒读者，片桁架高度可以缩小，以减小占地面积。

第四步，查看恒荷载+风荷载下的内力。

图 5.3-5 是轴力分布，一拉一压，很好地将大面积弯矩转换为拉压力。同时，恒荷载抵抗风荷载的一部分拉力。图 5.3-6 是弯矩分布，读者仔细观察底部弯矩，之前根部弯矩

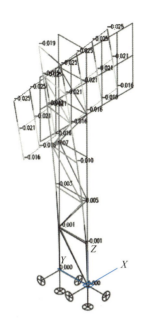 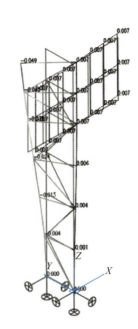 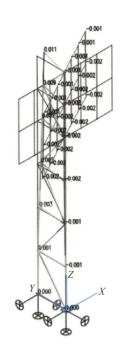

图 5.3-3　前三阶振型

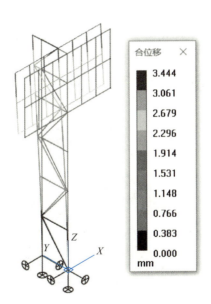

图 5.3-4　恒荷载+风荷载下的变形

大的问题通过桁架得到完美的解决，有效地降低了支座的负担。

以上是对格构式悬臂广告牌的重点介绍。实际项目中，一般高度超过 5m 的广告牌，都可以考虑格构式的片桁架。

我们在此基础上进一步扩展，距离地面高度变为 30m，面板 20m×40m 的广告牌如何设计，读者可以先思考，然后进入下一小节。

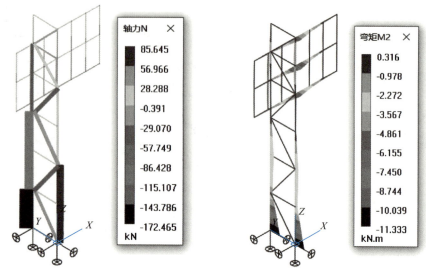

图 5.3-5 轴力分布　　　　　图 5.3-6 弯矩分布

5.4 巨型广告牌

本小节我们结合上一小节尾部内容继续进行扩展。距离地面 30m 的悬臂柱读者可以自己试算感受一下截面尺寸，面板 20m×40m 无法通过悬挑直接实现。这类巨型广告牌需要借助倒立式的空间结构来实现。

图 5.4-1 是本小节采用的空间桁架模型，读者可以根据结构概念自己进行创建。

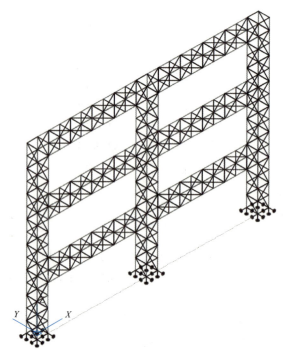

图 5.4-1　空间桁架广告牌模型

计算步骤和上一小节类似,我们下面仅对一些计算结果进行分析说明。

第一步,查看此类空间结构的周期和振型。

图 5.4-2 是周期,可以看出空间桁架进行连接后空间作用比较明显,结构刚度正常。图 5.4-3~图 5.4-5 是前三振型,读者需要留意第一振型为面外的振动,说明面外刚度相对是薄弱环节,结合后面的位移、内力可以综合考虑是否增加桁架高度,进而加强面外刚度。

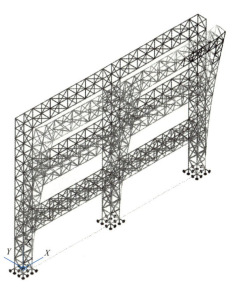

图 5.4-2 结构周期　　　　　　　　　图 5.4-3 结构第一振型

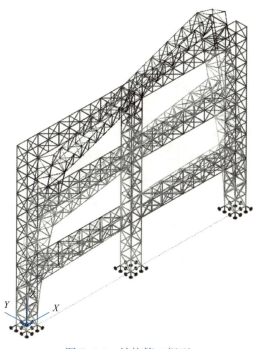

图 5.4-4 结构第二振型

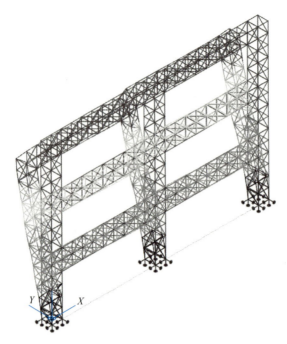

图 5.4-5　结构第三振型

第二步，恒荷载＋风荷载下的变形。

如图 5.4-6 所示，读者可以看出顶部位移达到 200mm，如何控制顶部变形是此类巨型广告牌结构的重点。建议读者从增加立柱桁架数量和增加立柱桁架高度两个角度综合考虑。

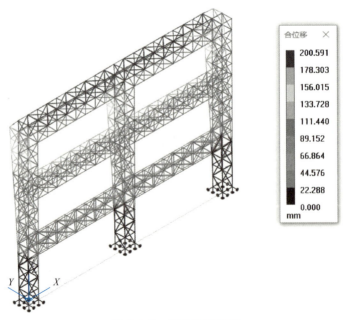

图 5.4-6　桁架顶部变形

第三步，查看结构内力。

图 5.4-7 是恒荷载＋风荷载下的轴力，结合前面的周期和变形可以确定，此结构需要增加立柱桁架数量或立柱桁架高度，以进一步控制变形和内力。前者主要是分担荷载，后者主要是增加力臂，两者都可以增加结构刚度。图 5.4-8 是结构的弯矩分布，读者可以留意柱底部的弯矩。基本上，通过桁架的拉压作用承担了大部分风荷载产生的弯矩。

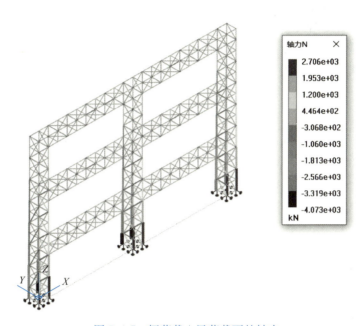

图 5.4-7　恒荷载＋风荷载下的轴力

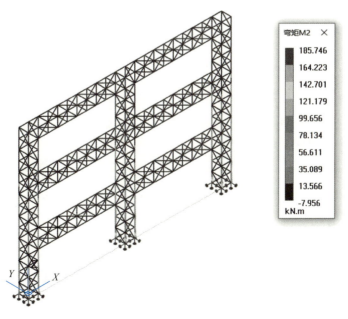

图 5.4-8　结构的弯矩分布

以上是对巨型桁架的计算分析，读者可以根据上面的思路进一步对结构进行调整。

5.5 户外广告牌类结构小结

5.5 户外广告牌类结构小结

本章重点介绍了常见的户外广告牌结构概念和设计手法，结合 3D3S 软件从单柱悬挑广告牌过渡到格构式广告牌及巨型广告牌，设计难度逐步加大。在实际项目中，读者要注意在方案阶段进行比选，进而决定最优方案。

需要留意的是，随着跨度和高度的增加，结构选型的余地也越来越多。比如，本章中的巨型广告牌采用的是空间桁架的受力模式，读者同样可以考虑采用悬臂网架的结构进行试算比较。

第6章
空间钢连廊结构 3D3S 计算分析与设计

6.1 空间钢连廊结构概念设计

6.1.1 钢连廊空间结构介绍

钢连廊的出现是建筑使用功能和形体的需要，图 6.1-1 是两类典型的钢连廊。前者是低层的钢连廊，可以自成体系，也可以与主体连接；后者是高层部位的钢连廊，只能与主体结构连接。

图 6.1-1 钢连廊

6.1.2 钢连廊空间结构概念设计

钢连廊的本质实际上是四边形的桁架。之所以为四边形，主要是考虑到人通行的问题，因此它的设计指标可以参考空间桁架的相关规定。

跨度不超过 20m 的连廊，可以考虑实腹式钢梁来解决。但是，随着跨度的增加，实腹式截面自重大的弊端越发明显，因此空间桁架自然是解决问题的首选。

钢连廊有条件时可以自成体系，就是自己通过立柱来解决，减少对主体结构的影响。立柱选择可以根据高度，从实腹式向格构式过渡。实腹式钢柱的优点是制作简单，格构式钢柱的优点是稳定性好。

对于结构中高部位的钢连廊，只能通过与主体结构相连的方式来满足建筑使用（立柱代价太大）。与主体结构的连接方式主要有悬挑式连接、与主体结构两端刚性连接、与主体结构一端刚接而一端滑动、与主体结构两端滑动连接以及与主体结构其他带有弹性约束性质的连接。连接方式的大原则是尽量中低部位连接尽量减轻对主体结构的影响，高位连接尽量刚接，防止脱落。

下面,我们以一个 30m 跨度的钢连廊为例,从立柱过渡到与主体结构连接两种类型。

6.2 带立柱空间钢连廊结构

6.2-1 带立柱空间钢连廊结构一

本小节我们从带立柱空间钢连廊结构开始,为一个距离地面 10m、宽度 3m、高度 4m、跨度 30m 的钢连廊进行设计。下面,介绍重点流程。

第一步,钢连廊的模型搭建。

推荐读者采用 3D3S 的桁架模块,图 6.2-1 是线模(线框模型),根据图 6.2-2 菜单设置好基本尺寸,选择四条多段线进行桁架模型创建,生成的初始钢连廊模型如图 6.2-3 所示。在此基础上,对钢连廊进行初步的截面赋值。实际项目中,钢连廊采用矩形截面和工字形截面的居多,本案例以矩形截面为例进行操作。

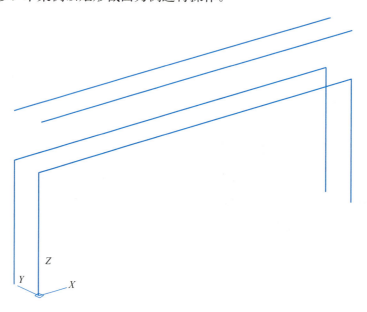

图 6.2-1 钢连廊线模

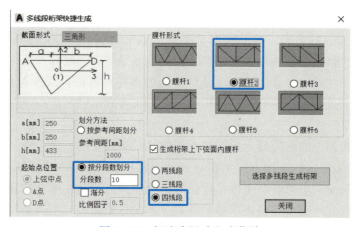

图 6.2-2 钢连廊尺寸生成菜单

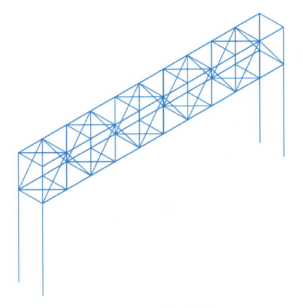

6.2-2 带立柱空间钢连廊结构二

图 6.2-3 钢连廊初步模型

第二步，在此基础上添加荷载。

恒荷载、活荷载和风荷载通过杆件导荷添加，地震作用和温度作用通过参数设置添加。风荷载我们就考虑一个方向的水平风荷载，对钢连廊的影响不容忽视（竖向风吸力一般通过自重可以平衡，风控地区除外）。图 6.2-4 是荷载工况定义设置，分别为恒荷载、活荷载和风荷载。图 6.2-5 是导荷范围的定义，建议读者采用单向导荷到杆件，受力更加贴近实际。图 6.2-6 是导荷封闭面，之后可以进行荷载导荷。

图 6.2-4 荷载工况定义设置

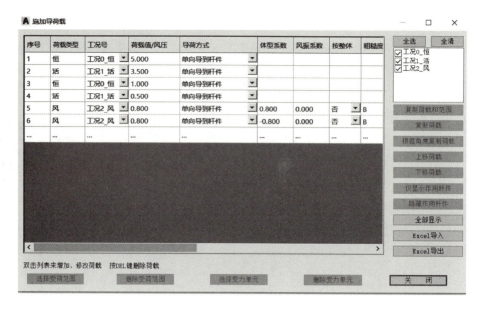

图 6.2-5 导荷范围的定义

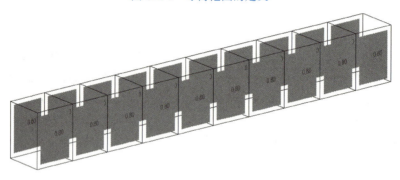

图 6.2-6 导荷封闭面

导荷封闭面生成后，即可进行导荷载。务必对自动导荷的荷载工况进行检查，重点是方向与典型数值。图 6.2-7 是恒荷载导荷情况，图 6.2-8 是活荷载导荷情况，图 6.2-9 是水平风荷载导荷情况，注意实际项目要考虑正反方向的风荷载。

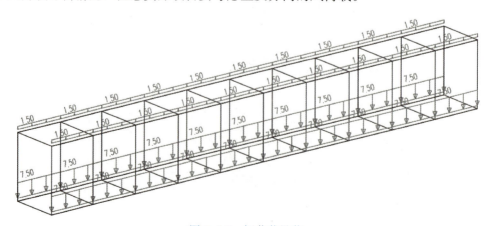

图 6.2-7 恒荷载导荷

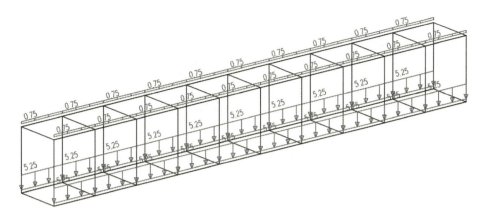

图 6.2-8 活荷载导荷

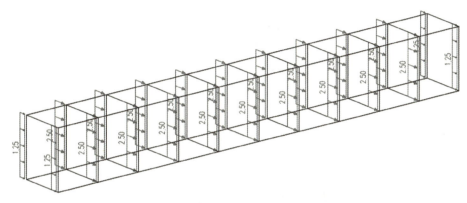

图 6.2-9 水平风荷载导荷

温度和地震作用的参数设置和其他空间结构类似,这里不再赘述。定义完毕后,即可进行计算和结果查看。

第三步,查看平面结构的周期和振型。

图 6.2-10 是钢连廊周期,读者可以结合后面的其他指标综合判断它的刚度。图 6.2-11

振型	周期(秒)	各振型质量参与系数		
		X方向	Y方向	Z方向
1	0.66158	0.00%	75.78%	0.00%
2	0.38976	99.96%	0.00%	0.00%
3	0.34421	0.00%	21.19%	0.00%
4	0.29888	0.00%	0.00%	0.00%
5	0.16947	0.00%	0.00%	71.82%
6	0.15929	0.00%	1.95%	0.00%
7	0.12457	0.00%	0.00%	0.00%
8	0.10810	0.00%	1.02%	0.01%
9	0.06763	0.00%	0.00%	0.00%
		99.96%	99.95%	71.83%

图 6.2-10 钢连廊周期

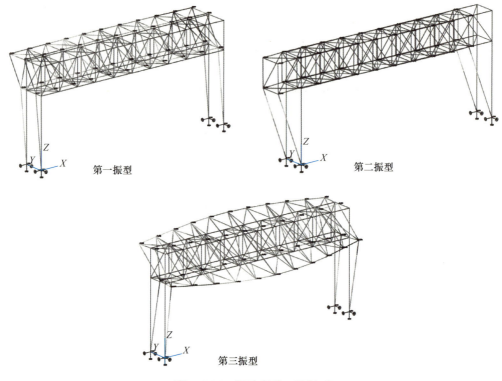

图 6.2-11 钢连廊前三阶振型

是前三阶振型，第一振型以面外平动为主，也是周期最大的振型，需要激发此振型的能量最小。读者此处可以思考，如何增大面外的刚度？

第四步，查看内力。

图 6.2-12 是恒荷载加活荷载组合下的轴力分布，读者可以看出钢连廊的轴力分布为

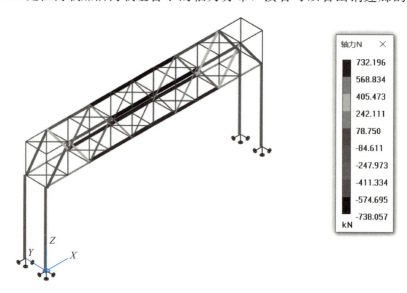

图 6.2-12 恒荷载加活荷载组合下的轴力分布

中间大、两端小，系典型的"简支梁分布模式"。图 6.2-13 是正立面视图，读者可结合图中箭头体会力的流动。

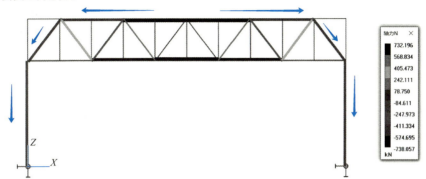

图 6.2-13　恒荷载加活荷载组合下的轴力正立面视图

图 6.2-14 是恒荷载加活荷载组合下的弯矩分布，可以看到弯矩对钢柱的影响及对柱脚刚接的设计起主控作用。

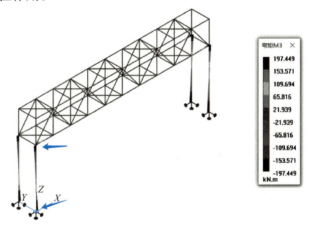

图 6.2-14　恒荷载加活荷载组合下的弯矩分布

图 6.2-15 是恒荷载加风荷载组合下的轴力分布。读者可以看出，钢连廊的轴力分布

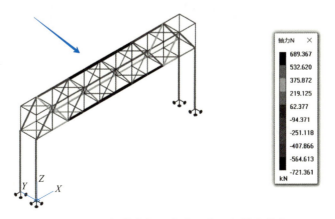

图 6.2-15　恒荷载加风荷载组合下的轴力分布

为中间大、两端小，系典型的"简支梁分布模式"。需要留意的是，拉压力的分布特点是迎风面受压，背风面受拉。

图 6.2-16 是恒荷载加风荷载组合下的弯矩分布，可以看到此组合下的弯矩远大于恒荷载加活荷载组合的弯矩，对钢柱及基础的设计带来很大困难。读者可以思考，如何减少图中的弯矩？

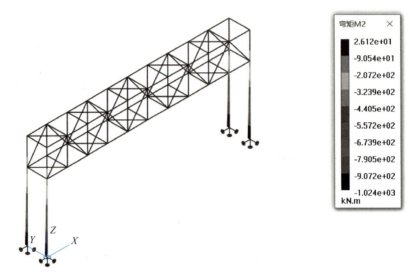

图 6.2-16 恒荷载加风荷载组合下的弯矩分布

图 6.2-17 是恒荷载与升温、降温作用分别组合时的轴力分布。与恒荷载加活荷载相比，轴力略有降低。读者可以自行查看温度工况下的轴力，不起主控作用。这是由于单根柱的线刚度较小，约束相对较弱。

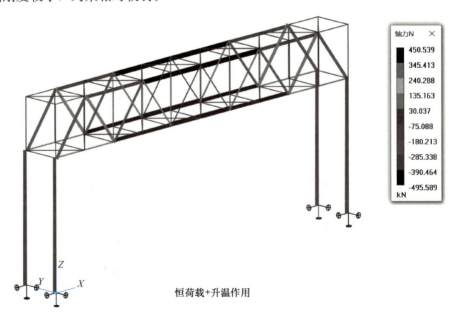

恒荷载+升温作用

图 6.2-17 恒荷载与升温、降温作用分别组合时的轴力分布（一）

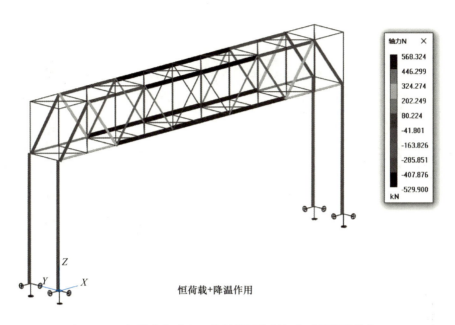

恒荷载+降温作用

图 6.2-17 恒荷载与升温、降温作用分别组合时的轴力分布（二）

图 6.2-18 是恒荷载与升温、降温作用分别组合时的弯矩分布，可以得出与轴力类似的规律。

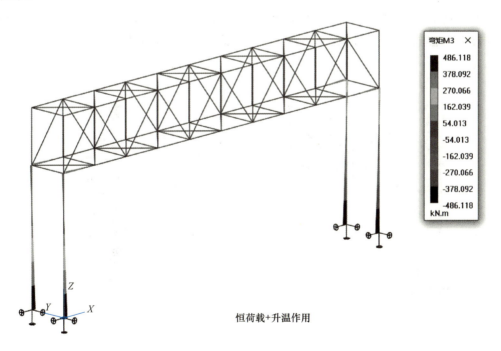

恒荷载+升温作用

图 6.2-18 恒荷载与升温、降温作用分别组合时的弯矩分布（一）

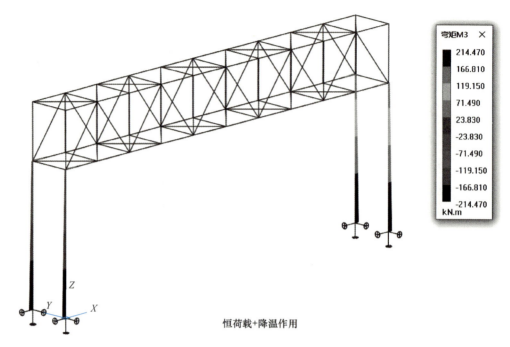

恒荷载+降温作用

图 6.2-18　恒荷载与升温、降温作用分别组合时的弯矩分布（二）

第五步是查看变形。

图 6.2-19 是恒荷载＋活荷载组合下的变形，可以看出高度对空间桁架的影响非常大。很多项目中，连廊高度由建筑设计者决定，一般都能满足结构需求。

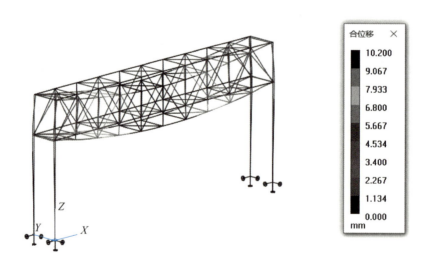

图 6.2-19　恒荷载＋活荷载组合下的变形

图 6.2-20 是恒荷载＋风荷载组合下的变形，可以看出侧向风荷载对钢连廊的影响比较大。结合前面查看的周期振型，进一步提醒读者侧向风荷载对钢连廊的影响值得关注。

第 6 章 空间钢连廊结构 3D3S 计算分析与设计

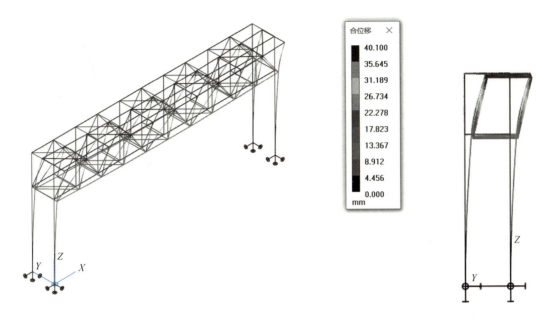

图 6.2-20　恒荷载＋风荷载组合下的变形

图 6.2-21、图 6.2-22 分别为恒荷载＋升温作用组合下的变形、恒荷载加降温作用组合下的变形。可以进一步看出，温度作用对带立柱的钢连廊的影响一般不起主控作用。需要留意的是，降温的冷缩作用对竖向变形有所加大。

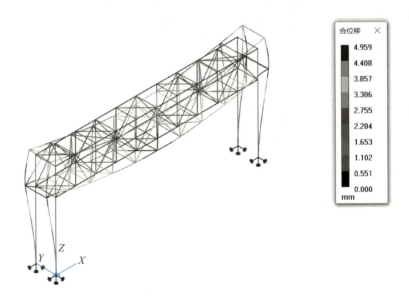

图 6.2-21　恒荷载＋升温作用组合下的变形

第六步，查看支座内力。

图 6.2-23 是其中一个支座的最大反力汇总查询，通过此方法可以综合确定支座节点及基础设计的难易程度，比如固结约束，弯矩是否能够实现。

161

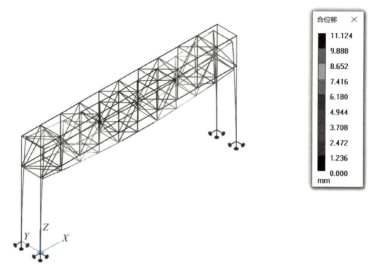

图 6.2-22 恒荷载+降温作用组合下的变形

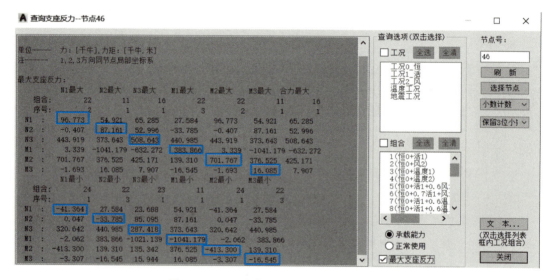

图 6.2-23 一个支座的最大反力汇总查询

6.3 带立柱空间钢连廊结构拓展

6.3 带立柱空间钢连廊结构拓展

本小节我们在上一小节的基础上进行扩展,解决面外刚度弱和柱弯矩大的问题。

图 6.3-1 是增设支撑的钢连廊,在此基础上进行结构计算。

图 6.3-2 是带支撑的钢连廊的周期和第一振型,可以发现支撑的引入减小了第一周期,增大了面外的刚度。但是,由于"先天缺陷",第一振型的面外振动规律没有发生本质变化。

图 6.3-3 是恒荷载加风荷载组合下的弯矩分布,可以看到此组合下的弯矩得到了大幅度的减小。可见支撑的介入,可以有效地解决此组合下柱底弯矩过大的问题。

第6章 空间钢连廊结构 3D3S 计算分析与设计

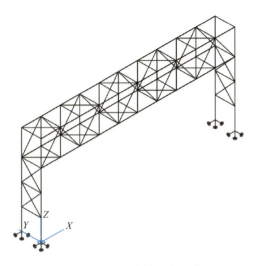

图 6.3-1 增设支撑的钢连廊

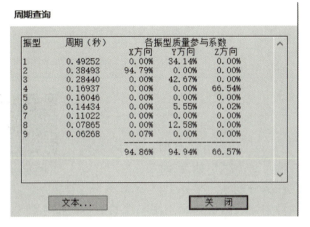
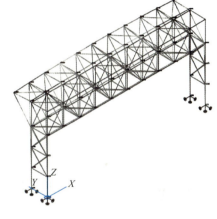

图 6.3-2 带支撑的钢连廊的周期和第一振型

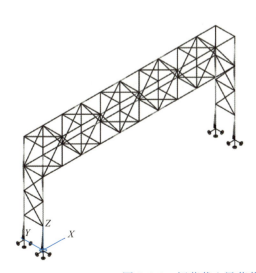
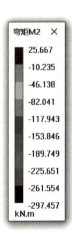

图 6.3-3 恒荷载＋风荷载组合下的弯矩

163

以上是带支撑立柱的钢连廊计算。读者在此基础上，可以继续发散思维。比如，根据实际项目的情况，采用格构式的立柱。如图 6.3-4 所示。进一步增加带立柱钢连廊的整体刚度，以满足结构设计的要求。

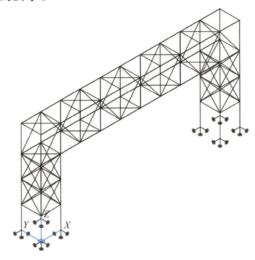

图 6.3-4　格构式立柱钢连廊

6.4　无柱空间钢连廊结构

6.4 无柱空间钢连廊结构

本小节在 6.2 节的基础上将钢连廊高度提升到 30m。这时，如果考虑设置立柱，代价就非常大了，需要将连廊两端与主体结构相连接。

第一步，将之前带立柱钢连廊中的立柱部分删除，整体上移 20m。

连廊两端与主体结构的连接，实际项目中建议高位连廊采用刚接约束，低位连廊采用一端铰接一端滑动约束。如果两个塔楼结构动力特性差异非常大，可以考虑采用抗震支座，同时高位连廊在构造上采用防跌落措施。本案例中，我们采用一端铰接、一端滑动的约束进行计算，设置约束后的模型如图 6.4-1 所示。

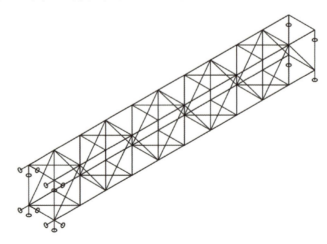

图 6.4-1　两端约束的空间钢连廊模型

第二步，按照以上进行计算后，查看周期和振型。

图 6.4-2 是周期计算结果。与 6.2 节带立柱的钢连廊相比，周期大致为一个级别。

图 6.4-2　周期计算结果

图 6.4-3 是前三振型，第一振型是面外滑动的振型，留意滑动端在风荷载下的位移。

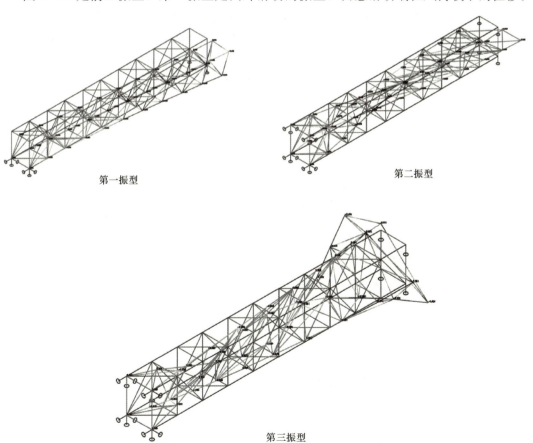

图 6.4-3　前三振型

第三步，重点内力查看。

图 6.4-4 是恒荷载＋活荷载下的轴力分布。桁架整体呈现上压下拉的特点，在铰接支座附近内力相反。这是由于两侧支座约束不同，支座刚度越大，附近杆件吸收的内力越多。

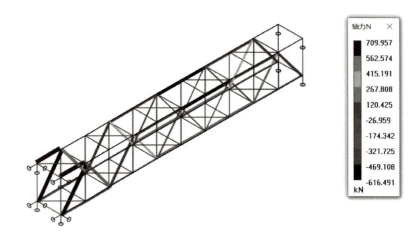

图 6.4-4　恒荷载加活荷载下的轴力分布

图 6.4-5 是恒荷载＋风荷载下的轴力分布。整体上，铰接支座附近轴力较大。读者可以自行查看恒荷载工况和风荷载工况下的轴力分布，累加之后即为图 6.4-5 的轴力分布。需要留意的是，随着高度的增加，风荷载越来越大，产生的轴力也随之增大。

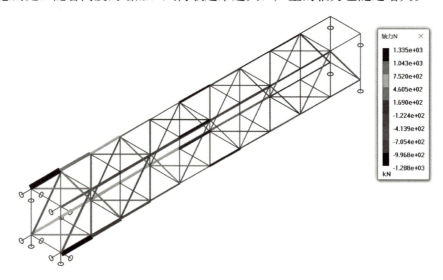

图 6.4-5　恒荷载加风荷载下的轴力分布

图 6.4-6 是升温、降温作用下的轴力分布。可以看出明显的轴力分布特点，约束越强的地方杆件内力越大。

第四步，重点变形查看。

图 6.4-7 是恒荷载＋活荷载作用下的变形，由于桁架高度较高（一般取层高），变形都在可控范围内。

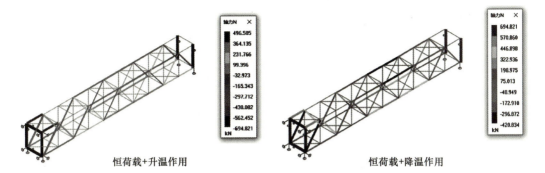

图 6.4-6　升温、降温作用下的轴力分布

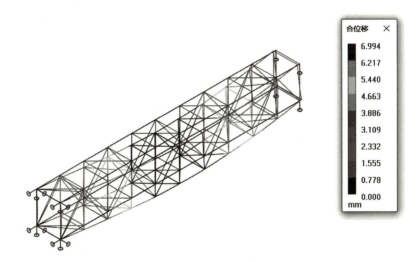

图 6.4-7　恒荷载＋活荷载下的变形

图 6.4-8 是恒荷载＋风荷载下的变形，读者留意滑动支座端部的位移。

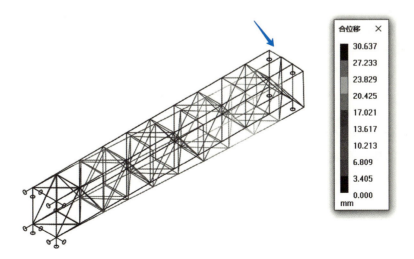

图 6.4-8　恒荷载＋风荷载下的变形

图 6.4-9 和图 6.4-10 是考虑升温、降温作用下的变形，符合热胀冷缩的规律，需要留意滑动支座端部的位移。

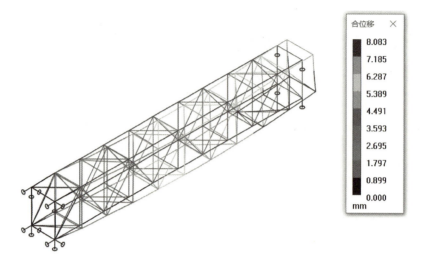

图 6.4-9　恒荷载＋升温作用下的变形

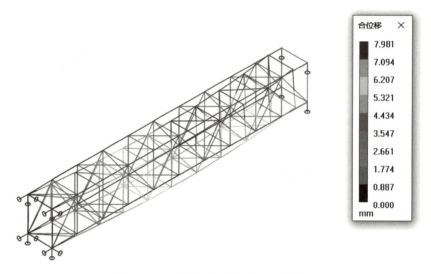

图 6.4-10　恒荷载＋降温作用下的变形

第五步，重点查看支座的反力。

这对主体结构的影响非常大。图 6.4-11 是某个支座的反力最值分布，读者可以初步估算对主体结构的影响。铰接支座一般为在主体结构中的预埋件，留意拉力和剪力的影响。

以上是空间钢连廊重点查看的内容，也是考虑钢连廊与主体结构整体计算之前需要做的前置工作。

第 6 章　空间钢连廊结构 3D3S 计算分析与设计

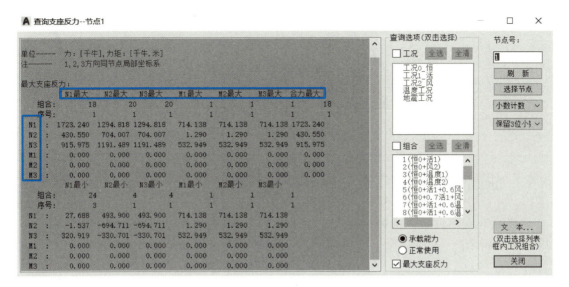

图 6.4-11　某支座反力分布

6.5　空间钢连廊结构小结

6.5 空间钢连廊结构小结

本章重点介绍了空间钢连廊的结构设计概念和思路，结合 3D3S 软件从带立柱的空间钢连廊过渡到无柱空间钢连廊。在实际项目中，读者要注意在方案阶段进行比选，进而决定最优方案。

需要留意的是，连廊作为人行通道，需要补充计算舒适度，读者可以参考本丛书中笔者《迈达斯 midas Gen 结构设计入门与提高》书籍中的相关章节内容。

另外，无柱空间钢连廊的整体计算一般用 YJK 或者迈达斯等有限元软件进行，前者可以参考本丛书中笔者《盈建科 YJK 结构设计入门与提高》书籍中的相关章节内容，后者可以参考笔者《迈达斯 midas Gen 结构设计入门与提高》书籍中的相关章节内容。

第 7 章

曲面网架结构 3D3S 计算分析与设计

7.1 曲面网架结构背景介绍与概念设计

与平板网架不同，曲面网架的产生更多地是为了满足建筑的美观需求，如图 7.1-1 所示。

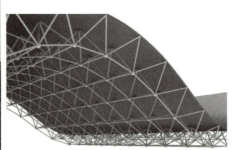

图 7.1-1 曲线网架

对结构读者而言，曲面网架的分析与平板网架类似，不同之处在于曲面网架的模型创建比较麻烦。它不像平板网架直接借助 3D3S 生成即可，其特点决定了在方案阶段试算时的工作量非常大。这里，我们推荐读者采用参数化建模的方法进行设计。

7.2 曲面网架结构参数化快速建模

曲面网架的建模一般两种方法。第一种是传统的 CAD 建模，此法对结构读者来说，基本功要求比较高，很难应付建筑师在方案阶段琢磨不定的想法；第二种是参数化建模，一般来说推荐读者采用犀牛 Grasshopper 参数化设计（需要系统学习的读者可以参考笔者《Grasshopper 参数化结构设计入门与提高》一书）。此法最便利的地方是修改模型非常方便，很多读者在此基础上开发了插件，可以直接在有限元软件中进行读取操作。但是，上手难度较大，因为很多读者没有编程基础。下面，我们介绍第二种方法中最基本的操作步骤。有编程基础的朋友可以在此基础上，在有限元软件中直接进行参数化设计。

第一步，结构基准线的创建。

电池如图 7.2-1 所示，此步不是必须的步骤，结构读者也可以直接从建筑图纸中提取，本步生成的基准线如图 7.2-2 所示。

第7章 曲面网架结构 3D3S 计算分析与设计

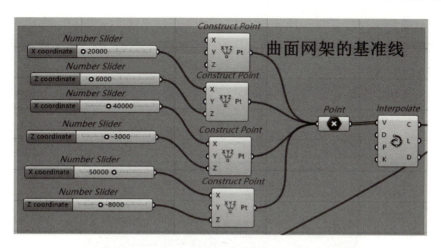

图 7.2-1　结构基准线电池

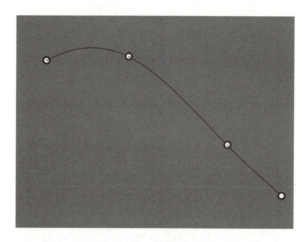

7.2-2 曲面网架结构参数化快速建模二

图 7.2-2　结构基准线

第二步,生成结构基准面。

电池如图 7.2-3 所示,基准面的目的是为下一步划分上弦平面做准备,生成的基准面如图 7.2-4 所示。

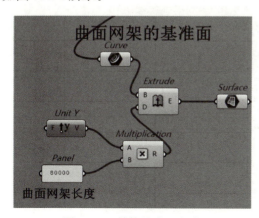

图 7.2-3　结构基准面电池

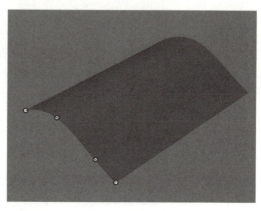

图 7.2-4　结构基准面

第三步，曲面网架上弦单元划分。

电池如图 7.2-5 所示，此步的目的就是生成网架基础单元，为后续下弦杆件、腹杆的生成做准备。划分的上弦单元如图 7.2-6 所示。

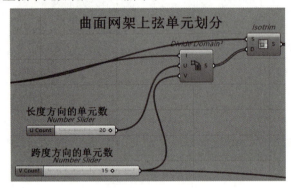

图 7.2-5　曲面网架上弦单元划分电池

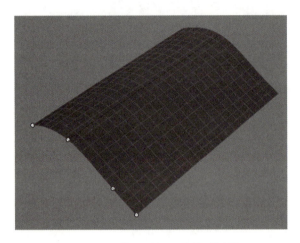

图 7.2-6　曲面网架上弦单元划分

第四步，曲面网架下弦单元节点。

电池如图 7.2-7 所示。此步的目的就是生成下弦单元节点，为后续下弦杆件、腹杆的

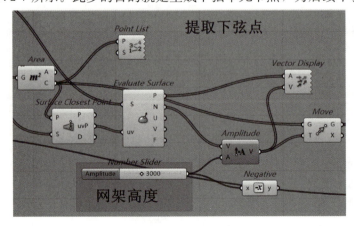

图 7.2-7　下弦单元节点电池

连接做准备。下弦单元节点如图 7.2-8 所示。

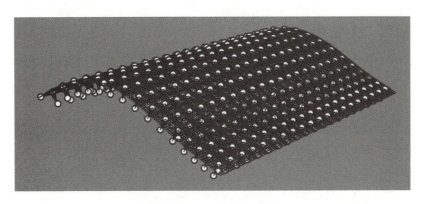

图 7.2-8　下弦单元节点

第五步，曲面网架上弦单元杆件生成。

电池如图 7.2-9 所示。此步的目的就是生成上弦杆件，效果如图 7.2-10 所示。

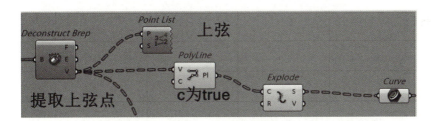

图 7.2-9　曲面网架上弦单元杆件电池

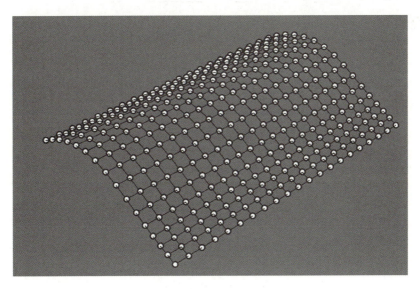

图 7.2-10　曲面网架上弦单元杆件

第六步，曲面网架腹杆单元杆件生成。

电池如图 7.2-11 所示。此步的目的就是生成网架腹杆，效果如图 7.2-12 所示。

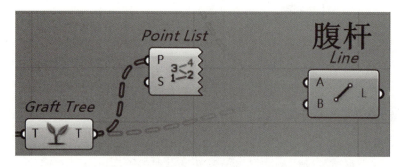

图 7.2-11　曲面网架腹杆单元杆件电池

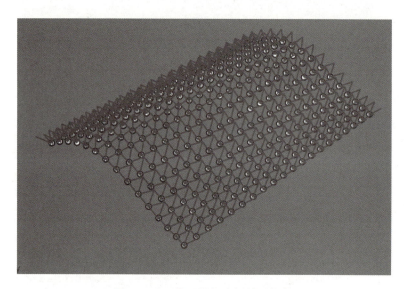

图 7.2-12　曲面网架腹杆单元杆件

第七步，曲面网架下弦单元杆件生成。

电池如图 7.2-13 所示。此步的目的就是生成网架下弦杆件，效果如图 7.2-14 所示。

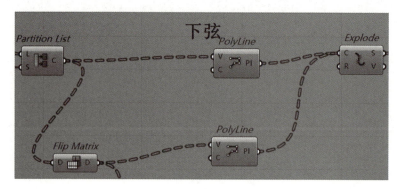

图 7.2-13　曲面网架下弦单元杆件电池

第八步，在犀牛中建立上弦、下弦、腹杆图层。

如图 7.2-15 所示，在 Grasshopper 中 Bake 杆件到对应图层，如图 7.2-16 所示。

第 7 章 曲面网架结构 3D3S 计算分析与设计

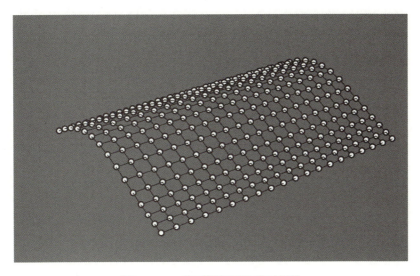

图 7.2-14　曲面网架下弦单元杆件

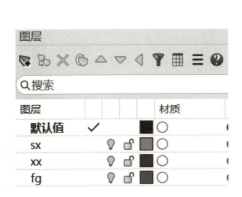

图 7.2-15　杆件图层

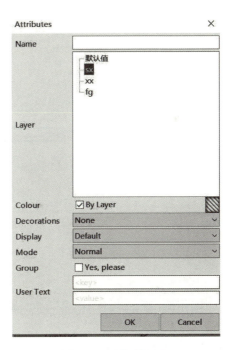

图 7.2-16　杆件 Bake

至此，Grasshopper 建立的网架已经 Bake 到犀牛中。如图 7.2-17 所示，左侧是 Grasshopper 电池的预览，右侧是 Bake 到犀牛的杆件。

第九步，选中犀牛中的杆件，导出选中物件，保存为 dwg（或 dxf 文件）。如图 7.2-18 所示。

至此，犀牛 Grasshopper 中的操作已经完毕。接下来，就进入到 3D3S 中的操作。

175

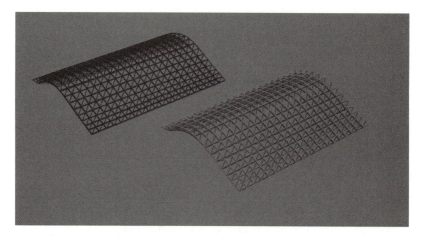

图 7.2-17　犀牛中的网架杆件

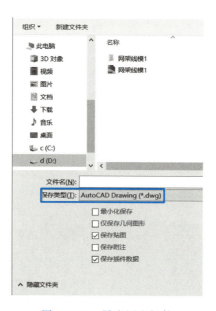

图 7.2-18　导出犀牛杆件

7.3　曲面网架结构 3D3S 软件实际操作

本节在 7.2 节的基础上继续进行曲面网架的结构计算分析。

第一步，用 3D3S 软件直接打开第 7.2 节导出的 dwg 文件线模。

通过添加杆件的功能，分别对上弦杆、下弦杆和斜腹杆进行截面定义，如图 7.3-1 所示。

之后，对其进行支座设置。支座的设置结合实际项目梁柱位置综合考虑，通常可以考虑一侧铰接一侧滑动的设置。在保证刚度的情况下，尽可能地释放温度作用产生的变形。图 7.3-2 是初步创建的模型。

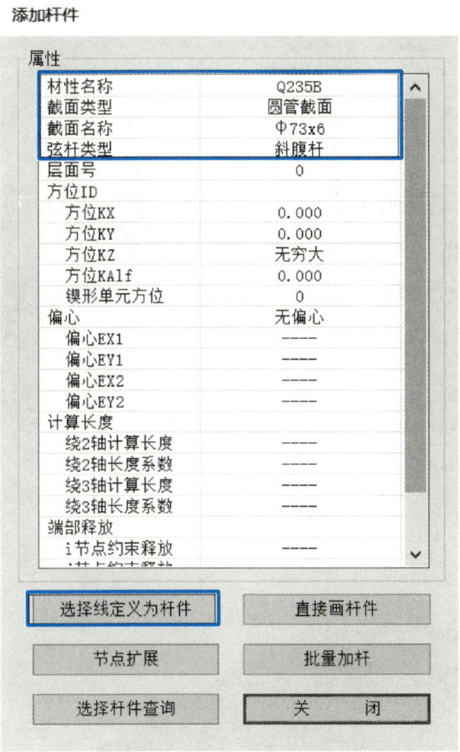

第 7 章　曲面网架结构 3D3S 计算分析与设计

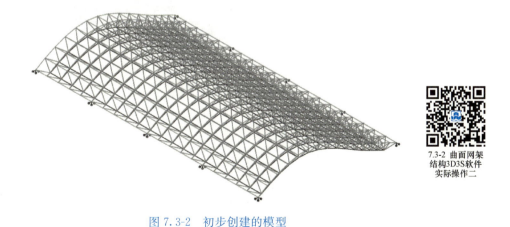

图 7.3-1　杆件定义

图 7.3-2　初步创建的模型

7.3-2 曲面网架结构3D3S软件实际操作二

第二步，进行荷载添加。

荷载工况的定义与平板网架类似，主要是恒、活、风荷载，地震作用和温度作用通过参数设置实现。图 7.3-3 是恒、活、风荷载导荷定义对话框，采用双向导入到杆件来考虑局部弯曲的影响。

图 7.3-4 是生成的导荷封闭面。这里要提醒读者，封闭面的生成也可以在参数化建模中实现。本案例因为采用 3D3S 进行计算，其强大的封闭面功能是国外的有限元软件不具备的。因此，我们可以直接借助它来实现。

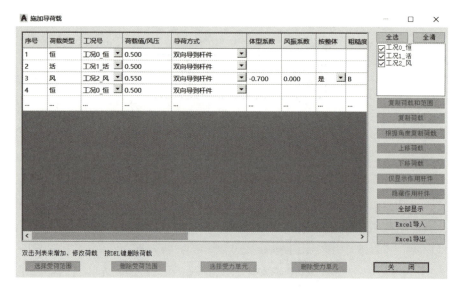

图 7.3-3　恒、活、风荷载导荷定义

图 7.3-4　导荷封闭面

图 7.3-5～图 7.3-7 是恒、活、风荷载的导荷结果。为了方便读者仔细观察导荷的方

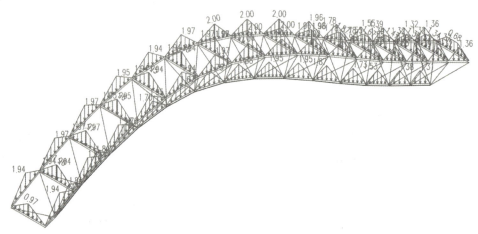

图 7.3-5　恒荷载导荷结果

向与数值，我们选取的是部分网架单元。这里提醒读者留意，图 7.3-7 的风荷载导荷结果分 X、Y 两个方向的分量。这是由于风荷载垂直于封闭面，而网架表皮是曲面，这一点在导荷时需要留意。

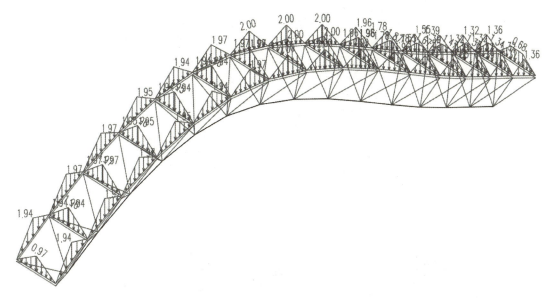

图 7.3-6　活荷载导荷结果

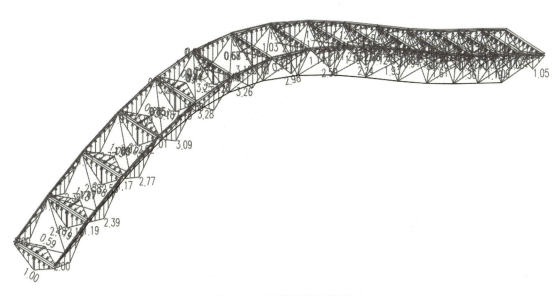

图 7.3-7　风荷载导荷结果

其他参数和平板网架设置类似，定义完毕后即可进行计算。

第三步，对周期和振型进行查看。

图 7.3-8 所示为曲线网架的周期，接近 1s，整体偏柔。后面，结合内力和位移作进一步的判断。图 7.3-9 是前三振型简图。

周期查询

振型	周期（秒）	各振型质量参与系数		
		X方向	Y方向	Z方向
1	0.97724	16.08%	0.00%	68.24%
2	0.69004	0.00%	8.28%	0.00%
3	0.38274	15.26%	0.00%	3.64%
4	0.36099	31.19%	0.00%	10.02%
5	0.35732	0.00%	30.99%	0.00%
6	0.33086	0.00%	41.99%	0.00%
7	0.28020	0.99%	0.00%	0.18%
8	0.24216	0.00%	2.44%	0.00%
9	0.23107	24.97%	0.00%	7.39%
10	0.21557	0.00%	0.29%	0.00%
11	0.19745	0.00%	0.30%	0.00%
12	0.17992	0.45%	0.00%	0.35%
13	0.16950	0.00%	0.31%	0.00%
14	0.16762	6.13%	0.00%	7.90%

文本... 关闭

图 7.3-8　曲线网架的周期

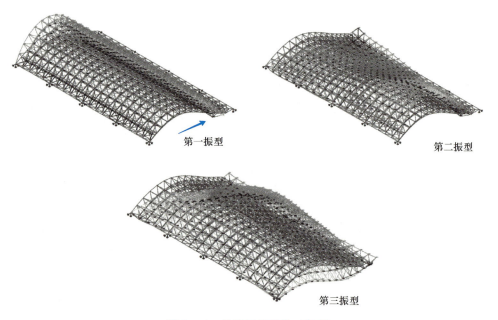

图 7.3-9　曲线网架的前三振型

第四步，网架内力的查看。

图 7.3-10 是曲线网架在恒加活作用下的轴力三维分布图，整体可以看出弦杆内力较大，需要进一步结合前面周期和后面位移综合确定增加网架高度的可行性。图 7.3-11 是其中典型的部分网架内力分布，帮助读者观察它的内力特点。支座附近的腹杆内力大，弦杆整体上压下拉，同时与支座相连的弦杆内力普遍较大。

图 7.3-12 是恒荷载与温度作用下的轴力分布。可以看出，支座附近的轴力明显大于非支座部位，典型的约束越强，内力越大。图 7.3-13 是典型的部分网架内力分布。

其余荷载工况参与组合的网架内力分布读者可以自行查阅，关键是通过内力分布可以感受到计算分析是否正确。

第7章 曲面网架结构3D3S计算分析与设计

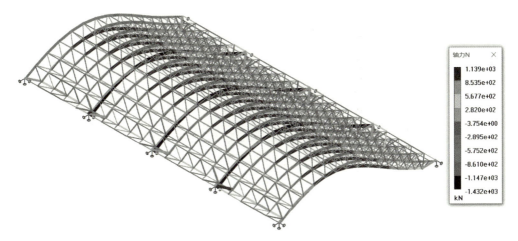

图 7.3-10 曲线网架的轴力三维分布图（恒荷载＋活荷载）

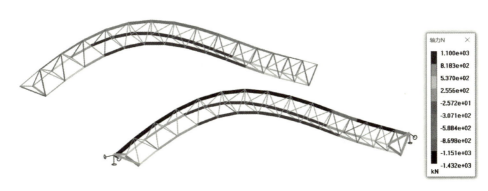

图 7.3-11 典型的部分网架内力分布（恒荷载＋活荷载）

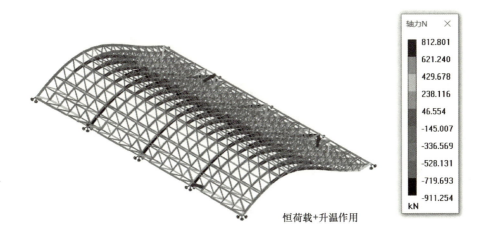

图 7.3-12 恒荷载与温度作用下的轴力分布（一）

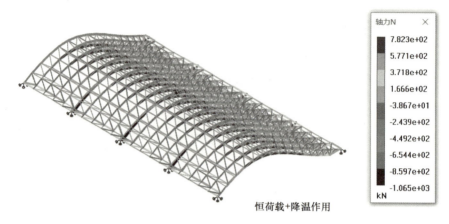

恒荷载+降温作用

图 7.3-12　恒荷载与温度作用下的轴力分布（二）

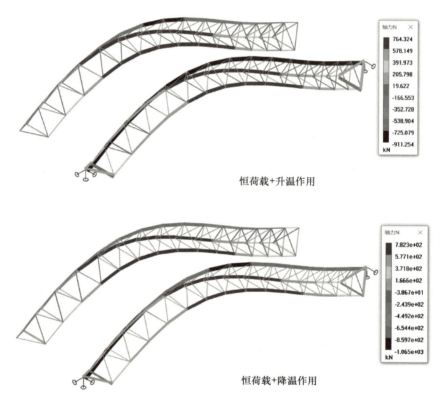

图 7.3-13　典型的部分网架内力分布

第五步，网架变形的查看。

此步我们重点带读者查看标准组合恒荷载＋活荷载下的变形，如图 7.3-14 所示。

从图 7.3-14 可以看出，网架变形超过规范限值。结合之前的其他指标，可以考虑增加网架高度，提升整体刚度。

另外提醒读者，在风控地区要留意恒荷载＋风荷载下的变形。本案例如图 7.3-15 所示，因为风荷载不是主控荷载，因此，并未产生向上的变形。

第 7 章 曲面网架结构 3D3S 计算分析与设计

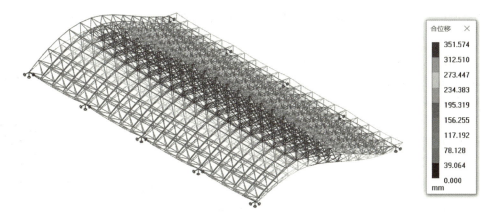

图 7.3-14　恒荷载＋活荷载下的变形

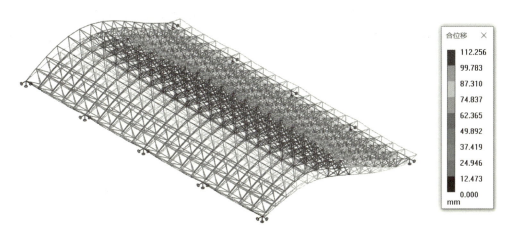

图 7.3-15　恒荷载＋风荷载下的变形

第六步，支座反力的查看。

此步的重点是方案阶段快速判断其对下部结构的影响，如图 7.3-16 所示。

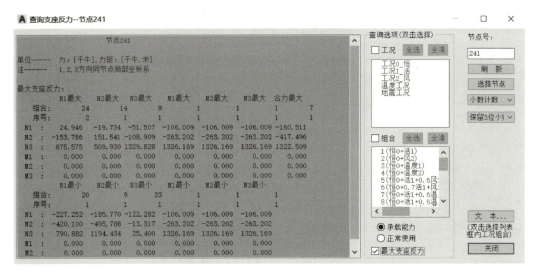

图 7.3-16　某支座最大反力

以上是针对曲面网架结构的计算分析要点，这里需要提醒读者，随着电算的发展，空间钢结构的设计早已从过去的上下部结构分开设计，转换成整体设计的方法。实际项目中，以上步骤只是针对钢结构部分的初步计算，进一步核算需要拼装到下部结构中，适合拼装的软件国内的 PKPM、YJK 都可以做到。其中，YJK 的整体计算读者可以参考笔者《盈建科 YJK 结构设计入门与提高》一书。

7.4　曲面网架结构小结

7.4　曲面网架结构小结

本章重点介绍了曲面网架结构的参数化建模及计算分析重点步骤。实际项目中，读者可以结合此方法在方案阶段进行充分的比选。既可以提高工作效率，又可以有充分的理由说服甲方，从而选出适合实际项目的方案。

随着章节的深入，读者应该充分体会到空间结构的设计手法一般是从钢结构部分入手进行初选，再结合整体结构进行核算。而 3D3S 最重要的任务是帮助读者高效地完成钢结构部分的初选。

第 8 章

网壳结构 3D3S 计算分析与设计

8.1 网壳结构概念设计

8.1.1 网壳空间结构介绍

8.1.1 网壳空间结构介绍

网壳结构是将杆件沿着某个曲面有规律地布置而组成的空间结构体系,其受力特点与薄壳结构类似,是以"薄膜"作用为主要受力特征的,即大部分荷载由网壳杆件的轴向力承受。由于它具有自重轻、结构刚度好等一系列优点,故此种结构可以覆盖较大的空间。不同曲面的网壳可以提供各种新颖的建筑造型,因此也是建筑师非常乐意采用的一种结构形式。图 8.1-1 是主体施工完毕的网壳结构。

图 8.1-1 主体施工完毕的网壳结构

8.1.2 网壳空间结构分类

网壳的分类一般从三个角度出发:层数、高斯曲率和曲面外形。

网壳按层数,可分为单层网壳和双层网壳两种。

网壳按高斯曲率,可划分为零高斯曲率(圆柱面网壳)、正高斯曲率(球面网壳)和负高斯曲率(双曲抛物面网壳)三种。

网壳按曲面外形,可分为球面、圆柱面、双曲抛物面、椭圆抛物面等形式,也可以采用各种组合曲面形式。

下面,我们结合规范重点介绍实际项目中经常用到的种类。

1. 单层圆柱面网壳

如图 8.1-2 所示。

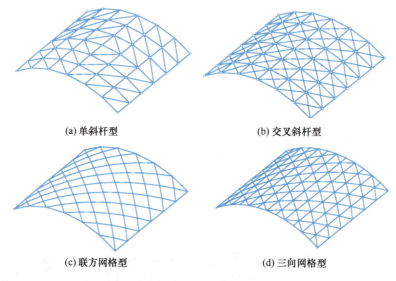

(a) 单斜杆型　　　　　　　　(b) 交叉斜杆型

(c) 联方网格型　　　　　　　(d) 三向网格型

图 8.1-2　单层圆柱面网壳

(1) 单斜杆型柱面网壳,首先沿曲线划分等弧长,通过曲线等分点作平行纵向直线。再将直线等分,作平行于曲线的横线,形成方格,对每个方格加斜杆,即单斜杆型,如图 8.1-2(a) 所示。

(2) 交叉斜杆型柱面网壳。它是将方格内设置交叉斜杆,以提高网壳的刚度,如图 8.1-2(b) 所示。

(3) 联方网格型柱面网壳。其杆件组成菱形网格,杆件夹角为 30°～50°之间,如图 8.1-2(c) 所示。

(4) 三向网格型柱面网壳。三向网格可理解为联方网格上加纵向杆件,使菱形变为三角形,如图 8.1-2(d) 所示。

联方网格型杆件数量最少,杆件长度统一,节点上只连接 4 根杆件,节点构造简单,刚度较差。三向网格型刚度最高,杆件品种也较少,是一种较经济、合理的形式。

2. 单层球面网壳

如图 8.1-3 所示。

1) 肋环型球面网壳

肋环型球面网壳由径肋和环杆组成。肋环型球面网壳的大部分网格呈梯形,每个节点只汇交四根杆件,节点构造简单,整体刚度差。适用于中、小跨度屋盖,如图 8.1-3(a) 所示。

2) 肋环斜杆型球面网壳

肋环斜杆型,又称施威德勒(Schwedler)型,是在肋环型基础上加斜杆而组成。它

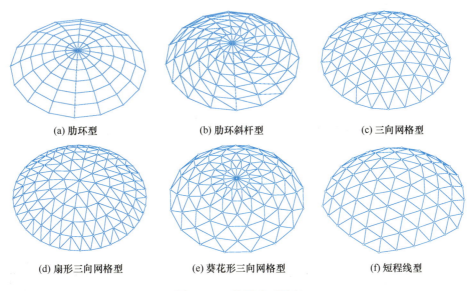

(a) 肋环型　　　(b) 肋环斜杆型　　　(c) 三向网格型

(d) 扇形三向网格型　　　(e) 葵花形三向网格型　　　(f) 短程线型

图 8.1-3　单层球面网壳

大大提高了网壳的刚度，也提高了抵抗非对称荷载的能力。它适用于大、中跨度屋盖，如图 8.1-3（b）所示。

3）三向网格型球面网壳

这种网壳的网格在水平投影面上呈正三角形，即在水平投影面上，通过圆心作夹角为 ±60°的三个轴，将轴 n 等分并连线，形成正三角形网格，再投射到球面上形成三向网格型网壳。其受力性能好、外形美观，适用于中、小跨度，如图 8.1-3(c) 所示。

4）扇形三向网格型球面网壳

扇形三向网格型球面网壳，又称凯威特（Kiewitt）型，这种网壳是由 n（$n=6$，8，12，…）根径肋把球面分为 n 个对称扇形曲面。每个扇形曲面内，再由环杆和斜杆组成大小较匀称的三角形网格，亦称凯威特型或根据肋数 n 简称为 K_n 型。这种网壳综合了旋转式划分法与均分三角形划分法的优点，因此不但网格大小匀称，而且内力分布均匀。适用于大、中跨度，如图 8.1-3(d) 所示。

5）葵花形三向网格型球面网壳

这种网壳由人字斜杆组成菱形网格，两斜杆夹角在 0°～50°之间，如图 8.1-3(e) 所示。其造型美观，亦称联方型。为了增强网壳的刚度和稳定性，在环向加设杆件，使网格成为三角形，适用于大、中跨度。

6）短程线型球面网壳

短程线球面网壳是由正二十面体在球面上划分网格，每一个平面为正三角形，把球面划分为 20 个等边球面三角形，如图 8.1-3(f) 所示。实际工程中，正二十面体的边长太大，需要再划分。再划分后，杆件的长度都有微小差异。

3. 双曲抛物面网壳

如图 8.1-4 所示。

沿直纹两个方向可以设置直线杆件。主要形式有：

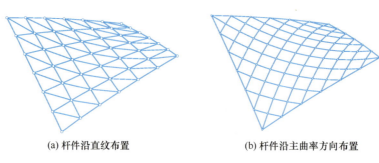

(a) 杆件沿直纹布置　　　　　　(b) 杆件沿主曲率方向布置

图 8.1-4　双曲抛物面网壳

1) 三向网格

也称"正交斜放网格"。杆件沿曲面最大曲率方向设置，为增强其抗剪刚度，在第三方向全部或局部设置杆件。

2) 两向正交网格

杆件沿主曲率方向布置，组成网格为正方形。局部区域内可加设斜杆。

以上是常见单层网壳的结构形式介绍。

8.1.3　网壳空间结构选型

8.1.3 网壳空间结构选型

本小节结合工程经验介绍网壳结构设计中的一些选型注意事项。

网壳结构的选型要考虑跨度大小、刚度要求、平面形状、支承条件、制作安装和技术经济指标等因素才能综合决定。由于空间结构很多时候展露在建筑外面，结构读者一定要考虑是否满足建筑外观需求，下面我们从结构的角度介绍一些注意事项。

（1）双层网壳可采用铰接节点，单层网壳应采用刚接节点。一般来说，大中跨度网壳宜采用双层网壳，中小跨度网壳可采用单层网壳。

（2）为使网壳结构的刚度选取恰当、受力比较合理，根据国内外的工程实践经验，给出网壳结构几何尺寸选用范围，以供工程设计中参照应用，如表 8.1-1 所示。

网壳尺寸范围参考　　　　　　表 8.1-1

壳型	示意图	平面尺寸	矢高 f	双层壳厚度 h	单层壳跨度
圆柱面网壳		$\dfrac{B}{L}<1$	$\dfrac{f}{B}=\dfrac{1}{3}\sim\dfrac{1}{6}$ 纵边落地时可取 $\dfrac{f}{B}=\dfrac{1}{2}\sim\dfrac{1}{5}$	$\dfrac{h}{B}=\dfrac{1}{20}\sim\dfrac{1}{50}$	$L\leqslant 30\mathrm{m}$ 纵边落地时 $B\leqslant 25\mathrm{m}$
球面网壳		—	$\dfrac{f}{D}=\dfrac{1}{3}\sim\dfrac{1}{7}$ 周边落地时 $\dfrac{f}{D}<\dfrac{3}{4}$	$\dfrac{h}{D}=\dfrac{1}{30}\sim\dfrac{1}{60}$	$D\leqslant 60\mathrm{mm}$

续表

壳型	示意图	平面尺寸	矢高 f	双层壳厚度 h	单层壳跨度
双曲扁网壳		$\dfrac{L_1}{L_2}<1.5$	$\dfrac{f_1}{L_1}$、$\dfrac{f_2}{L_2}=\dfrac{1}{6}\sim\dfrac{1}{9}$	$\dfrac{h}{L_2}=\dfrac{1}{20}\sim\dfrac{1}{50}$	$L_2\leqslant 40\mathrm{m}$
单块扭网壳		$\dfrac{L_1}{L_2}<1.5$ 常用 $L_1=L_2=L$	$\dfrac{f}{L_1}$、$\dfrac{f}{L_2}=\dfrac{1}{2}\sim\dfrac{1}{4}$	$\dfrac{h}{L_2}=\dfrac{1}{20}\sim\dfrac{1}{50}$	$L_2\leqslant 50\mathrm{m}$
四块组合型扭网壳		$\dfrac{L_1}{L_2}<1.5$ 常用 $L_1=L_2=L$	$\dfrac{f_1}{L_1}$、$\dfrac{f_2}{L_2}=\dfrac{1}{4}\sim\dfrac{1}{8}$	$\dfrac{h}{L_2}=\dfrac{1}{20}\sim\dfrac{1}{50}$	$L_2\leqslant 50\mathrm{m}$

注：L_2 指短向跨度。

（3）网壳结构除竖向反力外，通常有较大的水平反力，应在网壳边界设置边缘构件来承受这些反力，如在圆柱面网壳的两端、双曲扁网壳和四块组合型扭网壳的四侧应设置横隔（如桁架等），球面网壳应设置外环梁。这些边缘构件应有足够的刚度，并可作为网壳整体的组成部分进行协调分析计算。

（4）小跨度的球面网壳的网格布置可采用肋环型，大跨度的球面网壳宜采用能形成三角形网格的各种网格类型。为不使球面网壳的顶部构件太密集而造成应力集中和制作安装的困难，宜采用三向网格型、扇形三向网格型及短程线型网壳；也可采用中部为扇形三向网格型、外围为葵花形三向网格型组合形式的网壳。

（5）小跨度的圆柱面网壳的网格布置可采用联方型网格，大中跨度的圆柱面网壳采用能形成三角形网格的各种网格类型。双曲扁网壳和扭网壳的网格选型可参照圆柱面网壳的网格选型。

（6）网壳结构的最大位移计算值不应超过短向跨度的 1/400；悬挑网壳的最大位移计算值不应超过悬挑长度的 1/200。

8.1.4 网壳空间结构计算流程

网壳空间结构的计算一般分为三大步。
第一步，钢结构部分的单独计算。
与前面的空间结构类似，这也是本章的主要内容。
第二步，整体结构的计算。
需要将空间结构与下部结构拼装起来，进行整体计算。可以用国产的 PKPM、YJK，

8.1.4 网壳空间结构计算流程

国外的 midas Gen、SAP2000 进行分析。YJK 部分的内容可以参阅笔者《盈建科 YJK 结构设计入门与提高》一书相关章节的内容，midas Gen 部分的内容可以参阅笔者《迈达斯 midas Gen 结构设计入门与提高》一书的相关内容。

第三步，网壳空间结构的稳定分析。

此步一般用 midas Gen 或 SAP2000 进行分析。《网格规程》第 4.3.1 条规定，单层网壳以及厚度小于跨度 1/50 的双层网壳均应进行稳定性计算。通俗地说，就是网壳安全冗余度差，容易失稳，因此需要进行稳定分析。下一小节，我们介绍稳定分析概念设计相关的内容，具体软件层面的操作需要读者自己用 midas Gen 或 SAP2000 完成，实际项目中很少有读者用 3D3S 做稳定分析（好钢用在刀刃上，每个软件各有优劣，读者只需要掌握每个软件最擅长的内容即可）。

8.1.5 网壳空间结构稳定注意事项

8.1.5 网壳空间结构稳定注意事项

网壳结构的分析不仅仅是强度分析，还包括刚度和稳定性。在某些条件下，结构的刚度和稳定性甚至比强度更为重要。影响网壳结构力学特性的因素很多，主要有：结构的几何外形、荷载类型及边界条件等。

1. 需要注意平衡和稳定不是一个概念

如图 8.1-5 所示，平衡是结构处于静止或匀速状态，稳定是结构在平衡状态不因为微小扰动而变化。

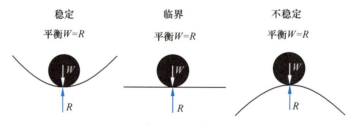

图 8.1-5　稳定与平衡

2. 稳定与失稳

结构因微小干扰而失去原有平衡状态，并转移到另一新的平衡状态，即为失稳。图 8.1-6 是以杆件为对象，进一步对图 8.1-5 三种平衡的描述。可以发现，P_{cr} 是设计的关键。当我们把荷载控制在 P_{cr} 以内时，结构是安全的。

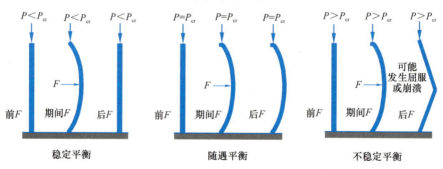

图 8.1-6　三种平衡

3. 失稳的类型

如图 8.1-7 所示，按平衡路径分为分支型、极值型和越跃型。分支点失稳是结构在临界状态时，结构从初始的平衡位形突变到与其临近的另一平衡位形，表现出平衡位形的分叉现象。极值点失稳是结构临界状态表现为结构不能再承受荷载增量是极值点失稳的特征。

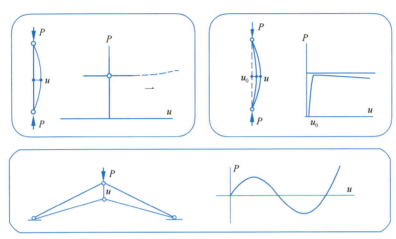

图 8.1-7　三种失稳类型

4. 网壳的稳定

工程上采用两种方法解决，即线性屈曲分析和非线性屈曲分析，如图 8.1-8 所示。

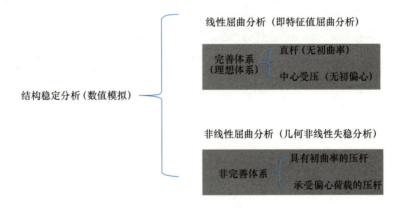

图 8.1-8　网壳稳定分析的两种方法

线性屈曲分析的目的是获得结构临界荷载和屈曲模态，为非线性屈曲分析做准备。以下是线性屈曲分析的理论公式：

$$([K_L] + \lambda [K_a]\{\psi\}) = \{0\}$$

式中　λ——特征值，即通常意义上的荷载因子；
　　　$\{\psi\}$——特征位移向量；
　　　$[K_L]$——结构的小位移（即弹性）刚度矩阵；
　　　$[K_a]$——参考初应力矩阵。

非线性屈曲分析是针对极值点失稳分析，关键是找极值点，如图 8.1-9 所示。通过分析，找到极值点，进而得到考虑材料、几何非线性的临界荷载。

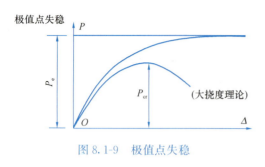

图 8.1-9　极值点失稳

5. 网壳稳定分析的规范内容

这部分内容主要集中在《网格规程》第 4.3 节，读者可以自行查看，特别是结合条文说明进行理解。我们在此进行部分关键内容的小结。

（1）单层网壳以及厚度小于跨度 1/50 的双层网壳均应进行稳定性计算。

（2）初始缺陷采用一致缺陷模态法，初始缺陷采用最低阶屈曲模态。

（3）规范建议采用弹性全过程分析，复杂网壳采用弹塑性全过程分析；前者安全系数为 4.2，后者为 2.0。

6. 深刻留意网架失稳的危害

与传统的多高层结构不一样，空间结构安全冗余度相对较低，网壳结构更是如此。图 8.1-10 是部分网壳失稳的实际图片。可以看到，网壳失稳的后果不堪设想，这也是实际项目中网壳设计安全储备一定要留足的一个重要原因。

图 8.1-10　网壳失稳现场

8.2　网壳结构 3D3S 软件实际操作

8.2-1　网壳结构
3D3S软件
实际操作一

本小节我们以跨度 40m 的单层球面网壳为例，结合 3D3S 对网壳钢结构部分进行介绍。

第一步，网壳的建模。

与网架一样，常规的网壳结构模型完全可以借助 3D3S 的建模菜单来完成，如图 8.2-1 所示为建模菜单，根据第 8.1 节的内容初步估算网壳截面，进行试算。

生成网壳模型后，周圈添加约束。图 8.2-2 为初步的网壳模型。

第二步，对网壳模型进行荷载的添加。

网壳结构的荷载与网架类似，这里我们特别强调一下风荷载，因为网壳的特点是薄膜受力，它有矢高，其风荷载体型系数可以参考《荷载规范》的内容。表 8.2-1 是拱形屋面的风荷载体型系数。网壳一般位于结构屋顶层，它的矢高大多数控制在 1/5 以内，因此以风吸力为主，可以保守取值 -0.8。复杂项目的风荷载体型系数建议通过风洞试验确定。

第8章 网壳结构3D3S计算分析与设计

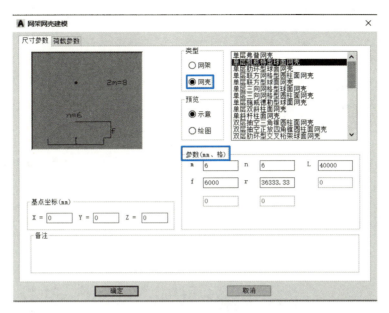

图 8.2-1 网壳建模菜单

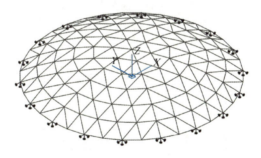

图 8.2-2 初步的网壳模型

8.2-2 网壳结构 3D3S软件 实际操作二

拱形屋面的风荷载体型系数　　　　　　　　　　表 8.2-1

类型	体型及体型系数 μ_s		
封闭式 落地拱 形屋面	（图示：拱形，顶部 -0.8，侧面 -0.5）	f/l 0.1 0.2 0.5	μ_s $+0.1$ $+0.2$ $+0.6$
		中间值按插入法计算	
封闭式 拱形 屋面	（图示：拱形，顶部 -0.8，侧面 -0.5，迎风面 $+0.8$）	f/l 0.1 0.2 0.5	μ_s -0.8 0 $+0.6$
		中间值按插入法计算	

193

图 8.2-3 是荷载工况的定义，图 8.2-4 是施加导荷杆件，注意风荷载是垂直于投影面的。

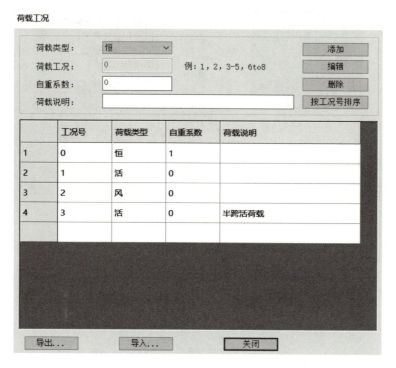

图 8.2-3　荷载工况的定义

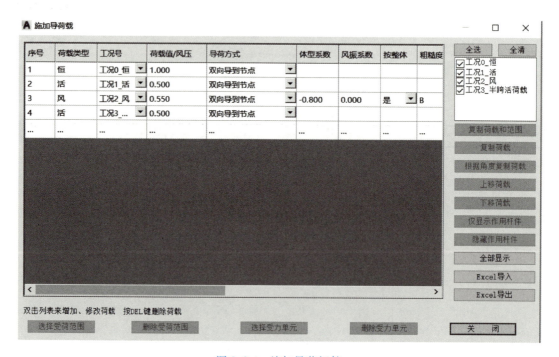

图 8.2-4　施加导荷杆件

接下来，就是生成封闭面，图 8.2-5 是生成封闭面（图中为半跨活荷载的封闭面）。自动导荷后注意荷载显示的检查。图 8.2-6 是恒荷载导荷情况，读者可以自行查看方向和数值，方向竖向向下。图 8.2-7 是风荷载导荷情况，读者可以观察到有 X、Y 两个方向的分量，这是由于之前设置的荷载方向为垂直于投影面。图 8.2-8 是半跨活荷载导荷情况。

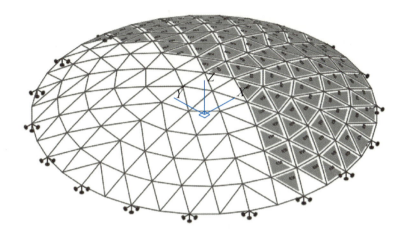

图 8.2-5　生成封闭面

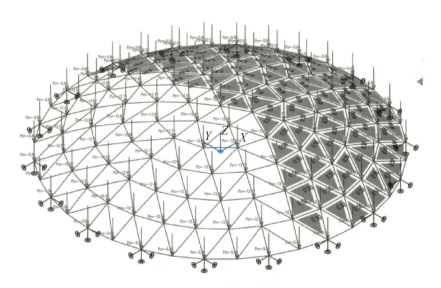

图 8.2-6　恒荷载导荷情况

温度荷载和地震作用的定义同网架结构，这里不再赘述。荷载定义完成后，即可进行结构计算。

第三步，查看周期与振型。

这是每种结构计算完毕后要查看的首要内容。图 8.2-9 是周期结果，网壳结构的刚度一般大于网架结构。实际项目中，一般中小跨度的网壳周期尽量控制在 0.5s 以内。

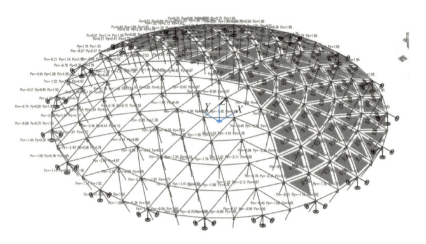

图 8.2-7　风荷载导荷情况

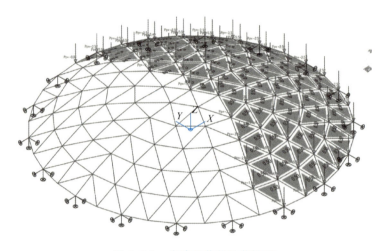

图 8.2-8　半跨活荷载导荷情况

振型	周期（秒）	各振型质量参与系数		
		X方向	Y方向	Z方向
1	0.31848	0.00%	0.00%	0.79%
2	0.29962	0.00%	0.00%	0.84%
3	0.28742	17.63%	18.85%	0.00%
4	0.28742	18.85%	17.63%	0.00%
5	0.28303	0.00%	0.00%	13.33%
6	0.23553	0.00%	0.00%	7.19%
7	0.20787	0.00%	0.00%	71.63%
8	0.10668	0.00%	0.00%	0.00%
9	0.00683	0.00%	0.00%	0.00%
		36.48%	36.48%	93.77%

图 8.2-9　周期结果

图 8.2-10 为网壳振动的前三振型结果。

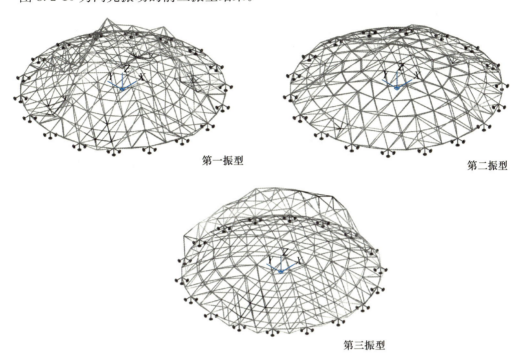

图 8.2-10　网壳振动的前三振型

第四步，查看网壳的变形。

图 8.2-11 是恒荷载加全跨活荷载作用下的变形，这里提醒读者要留意跨中附近的竖向变形，为后续非线性分析做准备。图 8.2-12 是恒荷载＋半跨活荷载作用下的变形，可以发现它的数值和全跨活荷载不相上下，这也提醒读者要留意此工况参与组合的内力。实际生活中，不少倒塌的网架、网壳有一部分原因是没有考虑到不均匀堆载导致的内力放大。

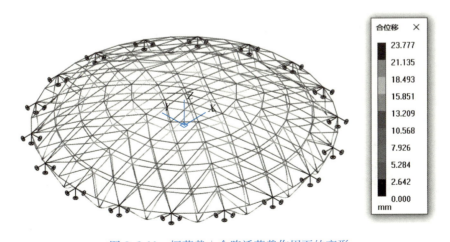

图 8.2-11　恒荷载＋全跨活荷载作用下的变形

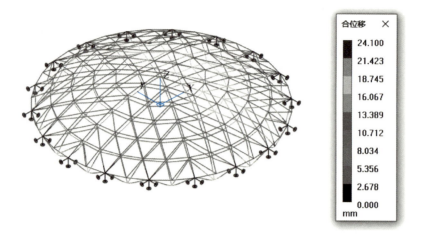

图 8.2-12　恒荷载＋半跨活荷载作用下的变形

第五步，查看网壳的内力。

图 8.2-13 是恒荷载＋全跨活荷载作用下的轴力，可以看出在竖向荷载作用下基本上以压力为主，符合力学规律。图 8.2-14 是立面图，读者可以根据箭头感受力的流动，杆件设计时留意支座附近的杆件。

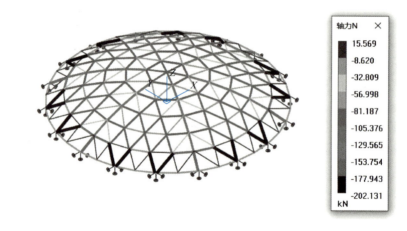

图 8.2-13　恒荷载＋全跨活荷载作用下的轴力

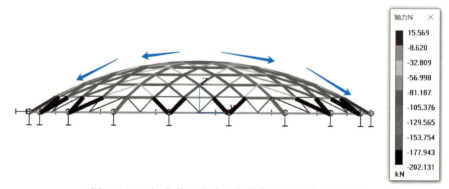

图 8.2-14　恒荷载＋半跨活荷载作用下的轴力立面图

图 8.2-15 是恒荷载+半跨活荷载作用下的轴力分布,可以看出施加半跨活荷载的一侧轴力明显偏大,支座附近的轴力甚至大于全跨活荷载布置的情况,而未考虑半跨活荷载的一侧杆件出现了拉力。图 8.2-16 是俯视图,读者可以进一步感受力的流动。

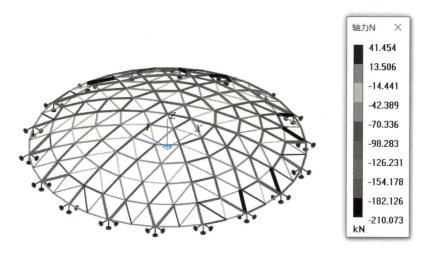

图 8.2-15 恒荷载+半跨活荷载作用下的轴力分布

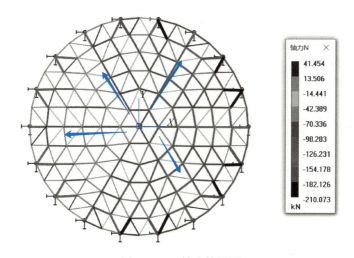

图 8.2-16 轴力俯视图

图 8.2-17 是恒荷载+风荷载作用下的轴力分布,可以看出轴力远小于前面的荷载组合,这是由于风荷载方向与恒荷载相反的缘故,造成荷载上的抵消。这里提醒读者,风控地区需要留意此相关组合,因为风吸力会造成杆件内力的反号。

第六步,查看支座反力。

支座反力的查看主要是用来复核网壳结构对下部结构的影响。图 8.2-18 是某支座反力,读者可以第一时间了解支座反力对下部结构的影响。

以上是网壳结构部分的计算,在计算通过的基础上,可以进一步进行整体结构的计算和稳定分析。

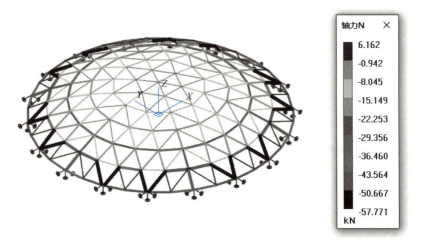

图 8.2-17　恒荷载＋风荷载作用下的轴力

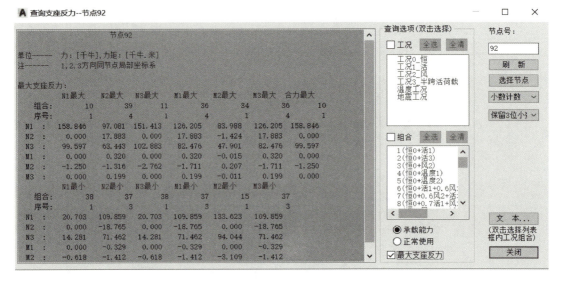

图 8.2-18　某支座反力

8.3　网壳结构小结

本章重点介绍了网壳结构的分类、概念设计和 3D3S 相关的计算步骤。在实际项目中，此章软件部分的操作仅属于第一步操作，后续的整体计算和稳定性分析需要读者借助其他相关软件来实现。

8.3 网壳结构小结

第 9 章

旋转楼梯钢结构 3D3S 计算分析与设计

9.1 旋转楼梯钢结构背景介绍与概念设计

9.1 旋转楼梯钢结构背景介绍与概念设计

与前面章节的空间结构不同,旋转楼梯更多地出现在公共建筑项目的室内,如图 9.1-1 所示。它的出现有的是为了建筑的美观需要,有的是空间所限,传统的楼梯无法满足使用要求。

图 9.1-1 旋转楼梯

旋转楼梯的设计一般分为两大点:第一点是传统的弹性设计,复核承载力变形等指标;第二点是舒适度的补充计算,前者市面上的大部分有限元软件都可以进行计算,后者实际项目中用 midas Gen、SAP2000 复核舒适度。本章介绍一点传统的弹性设计。关于舒适度的复核,读者可以参考笔者《迈达斯 midas Gen 结构设计入门与提高》一书的相关章节。

9.2 无柱旋转楼梯钢结构建模与计算分析

本小节介绍无柱旋转楼梯的计算分析过程。

第一步,旋转楼梯的建模。

读者可以用传统的 CAD 三维建模进行线模创建,也可以用参数建模,推荐使用后者,便于后期调整修改。

首先,根据建筑条件设置结构模型基本参数。图 9.2-1 为旋转楼梯的基本参数设置。

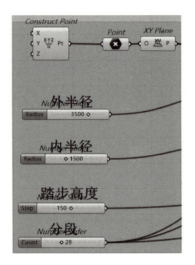

9.2-2 无柱旋转楼梯钢结构建模与计算分析二

图 9.2-1　旋转楼梯基本参数设置

其次，进行内外圆的划分。电池和效果如图 9.2-2 所示。

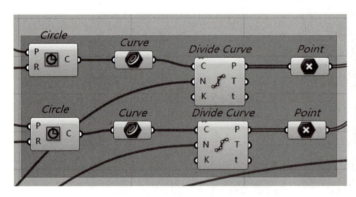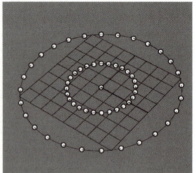

图 9.2-2　内外圆划分

接着，通过向量移动生成踏步梁单元，如图 9.2-3 所示。

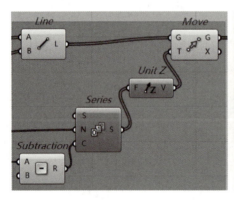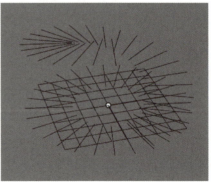

图 9.2-3　踏步梁单元

最后，连接内外点，生成旋转梯梁，如图 9.2-4 所示。

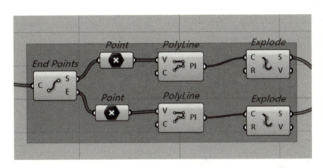 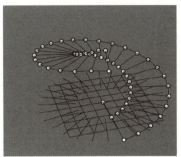

图 9.2-4　旋转梯梁生成

将生成的旋转楼梯导入 3D3S 中即可，如图 9.2-5 所示。

图 9.2-5　旋转楼梯线模

第二步，导入 3D3S 后，进行材料和截面赋值。

如图 9.2-6 所示，一般旋转主梁采用箱形截面，踏步采用角钢模拟。

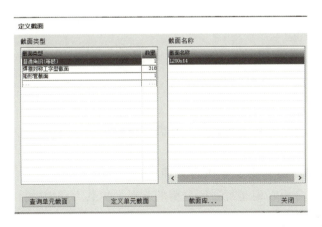 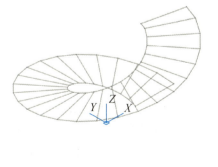

图 9.2-6　材料和截面初步赋值

接着，进行支座定义。在实际项目中，支座的刚接和铰接对旋转楼梯影响较大，建议新建项目提前做好预埋件的预留工作，支座设置为刚接计算，加固后处理项目。如果支座采用后锚固，有时很难达到刚接效果，建议采用铰接计算。定义好支座后，如图9.2-7所示。

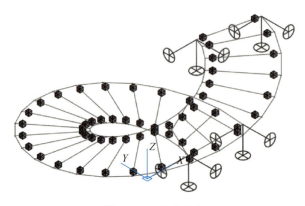

图9.2-7 约束定义

第三步，进行荷载定义及添加。

与其他空间结构不同，旋转楼梯大部分情况下在室内设置（也有例外）。所以，它的主受力工况一般是恒荷载、活荷载、地震作用为主，尤其是恒荷载和活荷载下的使用是关键。图9.2-8是施加单元荷载的方式添加荷载。

	荷载类型	工况	类型	方向	数值	Q1	Q2	X1	X2	均布...	板跨度	考...	荷载组
1	恒	工况0_恒	1	Z	绝对	-0.300	-0.300	0.000	0.000	--	--	--	默认组
2	活	工况1_活	1	Z	绝对	-0.500	-0.500	0.000	0.000	--	--	--	默认组
3	恒	工况0_恒	1	Z	绝对	-1.000	-1.000	0.000	0.000	--	--	--	默认组
...	...	...				...	...	...	...				...

图9.2-8 施加单元荷载

地震作用的定义与其他空间结构一样，这里不再赘述。之后，可以进行计算。

第四步，对周期和振型进行查看。

与其他空间结构不太一样的地方是，旋转楼梯是供行人通行的，要留意舒适度的要求。虽然前面说过，可以专门做舒适度分析，但是舒适度分析的前提是承载力层面的计算满足要求，它更多是属于补充分析的范畴。

图9.2-9是此旋转楼梯的周期，可以看出第一周期的倒数即频率不足3Hz。图9.2-10是它的前三阶振型，第一阶振型是典型的竖向振动。

周期查询

振型	周期（秒）	各振型质量参与系数 X方向	Y方向	Z方向
1	0.36361	0.02%	1.09%	37.62%
2	0.14202	1.20%	54.58%	0.02%
3	0.14101	1.71%	1.57%	0.00%
4	0.06779	0.06%	4.70%	31.51%
5	0.06449	0.04%	0.04%	5.53%
6	0.05867	59.34%	0.86%	0.00%
7	0.03556	0.77%	0.04%	0.00%
8	0.02821	0.04%	0.59%	0.24%
9	0.02782	4.72%	0.07%	0.00%
		67.90%	63.54%	74.92%

文本...　　关 闭

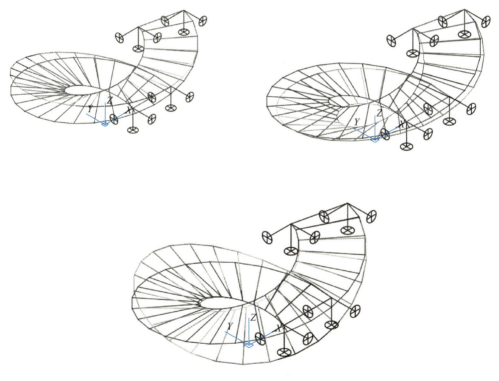

图 9.2-9　此旋转楼梯的周期

图 9.2-10　旋转楼梯的前三阶振型

《建筑楼盖振动舒适度技术标准》JGJ/T 441—2019 对频率和加速度都有要求。这里，我们只能控制频率，加速度需要专门的舒适度分析进行计算。该标准第 4.1.1 条的要求见下。

4.1.1 建筑楼盖的竖向振动加速度应符合下列规定：

1 行走激励和室内设备振动为主的楼盖结构、连廊和室内天桥

$$a_p \leqslant [a_p] \qquad (4.1.1\text{-}1)$$

式中：a_p——竖向振动峰值加速度（m/s²）；

$[a_p]$——竖向振动峰值加速度限值（m/s²）。

2 有节奏运动为主的楼盖结构

$$a_{pm} \leqslant [a_{pm}] \qquad (4.1.1\text{-}2)$$

式中：a_{pm}——有效最大加速度（m/s²）；

$[a_{pm}]$——有效最大加速度限值（m/s²）。

可以看出，频率不宜小于 3Hz。一般根据工程经验，频率尽量控制在 5Hz 以上，更容易通过后面的舒适度计算。

那么问题来了，为何此结构频率不足 3Hz？频率越大，周期越小，刚度相对来说较刚。读者留意前面的踏步梁我们采用了铰接约束，感兴趣的读者可以改成刚接约束试试效果。

第五步，查看恒荷载＋活荷载作用下的变形。

如图 9.2-11 所示。

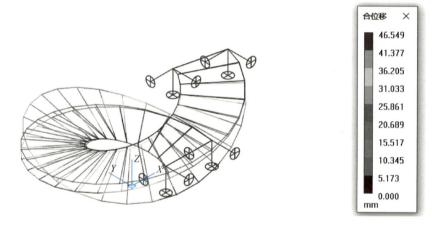

图 9.2-11　恒荷载＋活荷载下的变形

可以看出，最大变形量为 46mm。旋转楼梯的变形可以参考《钢标》附录 B 的内容。如表 9.2-1 所示，具体选择根据实际项目确定。

《钢标》中的变形要求　　　　　表 9.2-1

4	楼（屋）盖梁或桁架、工作平台梁（第 3 项除外）和平台板		
	1）主梁或桁架（包括设有悬挂起重设备的梁和桁架）	$l/400$	$l/500$
	2）仅支承压型金属板屋面和冷弯型钢檩条	$l/180$	
	3）除支承压型金属板屋面和冷弯型钢檩条外，尚有吊顶	$l/240$	
	4）抹灰顶棚的次梁	$l/250$	$l/350$
	5）除第 1）款～第 4）款外的其他梁（包括楼梯梁）	$l/250$	$l/300$
	6）屋盖檩条		
	支承压型金属板屋面者	$l/150$	—
	支承其他屋面材料者	$l/200$	—
	有吊顶	$l/240$	—
	7）平台板　　钢标附录 B	$l/150$	—

第六步,查看杆件内力。

图 9.2-12 是旋转楼梯的三维轴力分布,旋转楼梯最关注的杆件无疑是内外箱形梁,单独提取进行查看。如图 9.2-13 所示,两根旋转箱形梁都是典型的上拉下压的特点,符合实际规律。通俗地说,就是"上拽下托"的模式。

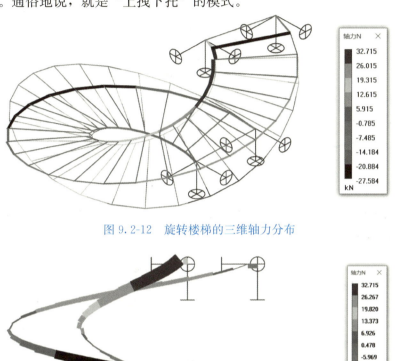

图 9.2-12 旋转楼梯的三维轴力分布

图 9.2-13 旋转梯梁轴力分布

再进一步观察两根旋转梯梁的三维轴力分布,如图 9.2-14 所示,呈现内大外小的特点。这是由于内外钢梁的线刚度不一,内侧钢梁承担了相对较大的荷载。

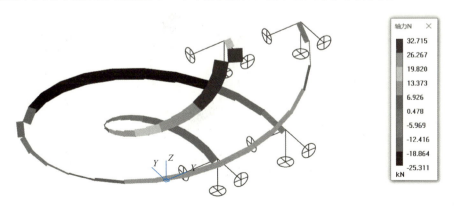

图 9.2-14 旋转梯梁轴力三维分布

接着，观察弯矩。图 9.2-15 是旋转楼梯三维弯矩分布，可以看出旋转楼梯的弯矩主要集中在内外旋转梯梁上。

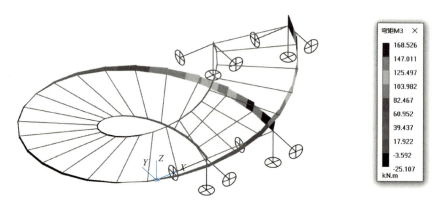

图 9.2-15　旋转楼梯三维弯矩分布

单独显示内外两根箱形梁的弯矩图，如图 9.2-16 所示。可以看出，外圈箱形梁的弯矩远大于内圈，原因是外圈的跨度大。

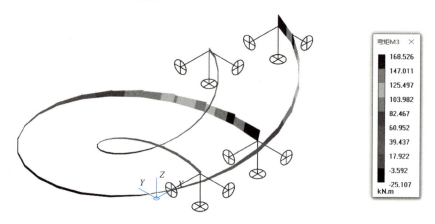

图 9.2-16　旋转梯梁弯矩分布

最后，我们查看一下两根箱形梁的扭矩，如图 9.2-17 所示。目前，《钢标》没有纳入

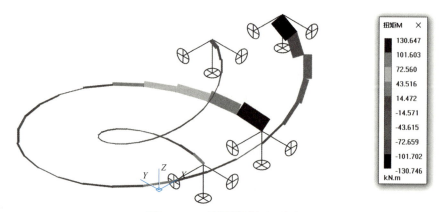

图 9.2-17　旋转梯梁扭矩分布

钢结构构件的扭转计算。实际项目中的普遍做法是将应力比控制在更加严格的数值,比如 0.6~0.7;再通过构造措施进行抗扭。也有部分项目通过有限元软件进行补充的计算分析。

第七步,查看支座反力。

如图 9.2-18 所示,与其他空间结构不同,大部分读者不会将旋转楼梯带入主体结构进行整体分析。实际上也没必要,将支座反力以节点荷载的形式添加在主体结构上即可。

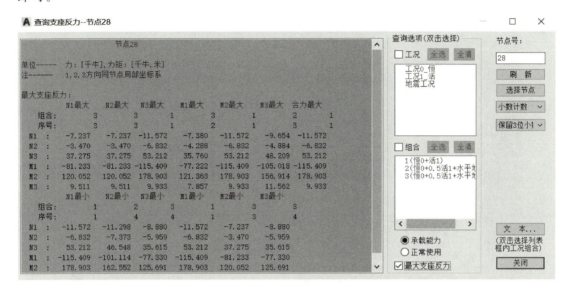

图 9.2-18　某支座反力

以上是此旋转楼梯从建模到计算的全部过程。

9.3　中柱旋转楼梯钢结构建模与计算分析

本节介绍无柱旋转楼梯的计算分析过程。

第一步,进行旋转楼梯的参数化建模,具体细节同 9.2 节。图 9.3-1~图 9.3-3 是关键步骤。

9.3-1 中柱旋转楼梯钢结构建模与计算分析一

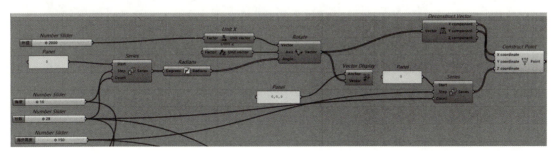

图 9.3-1　中柱旋转楼梯参数化电池一

将参数化模型 Bake 到犀牛,如图 9.3-4 所示,导出 dwg 文件。

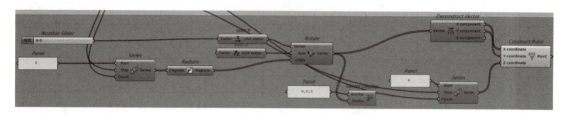

图 9.3-2　中柱旋转楼梯参数化电池二

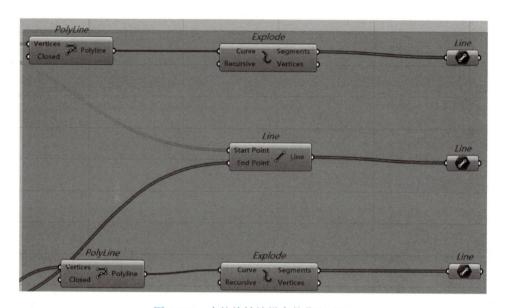

图 9.3-3　中柱旋转楼梯参数化电池三

图 9.3-4　旋转楼梯模型

第二步，在 3D3S 中对其进行材料初始设置，荷载添加。

内容与 9.2 节类似，中柱一般采用圆管柱，模型如图 9.3-5 所示。

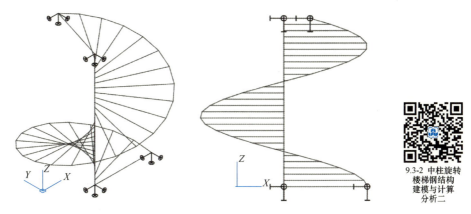

图 9.3-5　旋转楼梯 3D3S 模型

9.3-2 中柱旋转楼梯钢结构建模与计算分析二

按 9.2 节方法输入荷载等信息后，即可进行计算。

第三步，查看旋转楼梯周期与振型。

图 9.3-6 是带中柱旋转楼梯的周期，可以看出它的周期远小于无柱旋转楼梯的周期，说明此类型楼梯刚度较大，相应的舒适度验算也更容易满足要求。图 9.3-7 是此类型楼梯的前三振型，振动情况与 9.2 节类似。

图 9.3-6　带中柱旋转楼梯的周期

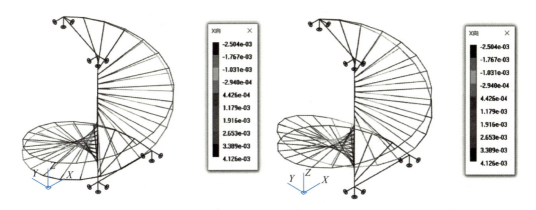

图 9.3-7　带中柱旋转楼梯的振型（一）

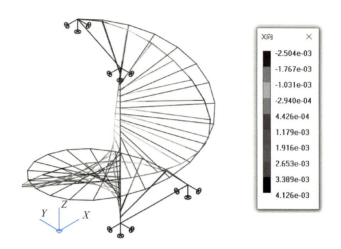

图 9.3-7　带中柱旋转楼梯的振型（二）

第四步，查看带中柱旋转楼梯的变形。

图 9.3-8 是恒荷载加活荷载作用下的变形，可以看出竖向变形完全满足规范要求，结合周期和后续的承载力、舒适度计算，杆件有优化的余地。

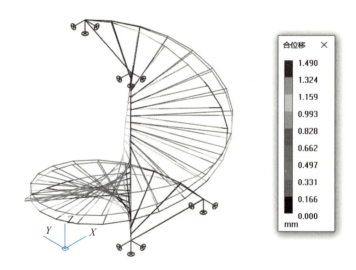

图 9.3-8　恒荷载+活荷载作用下的变形

第五步，内力查看。

图 9.3-9 是恒荷载加活荷载下的轴力三维分布，中柱承担了大量的竖向荷载，下面部分受压，上面部分受拉。外圈旋转梯梁也是类似规律，区别是数值的不同。图 9.3-10 是中柱与旋转梯梁的杆件轴力分布。

图 9.3-11 是恒荷载加活荷载下的弯矩三维分布。可以看出，与无柱旋转楼梯相比，弯矩大幅度减小。图 9.3-12 是中柱与外圈旋转梯梁恒荷载+活荷载下的弯矩二维分布。

除了以上的轴力和弯矩，读者还应关注一下扭矩分布，如图 9.3-13 所示。可以看出，与无柱旋转楼梯相比，扭矩大幅度减小。

第9章 旋转楼梯钢结构3D3S计算分析与设计

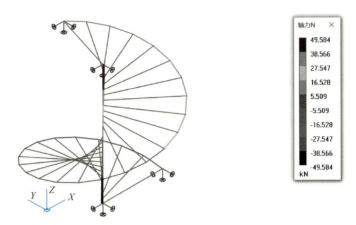

图 9.3-9　恒荷载+活荷载下的轴力三维分布

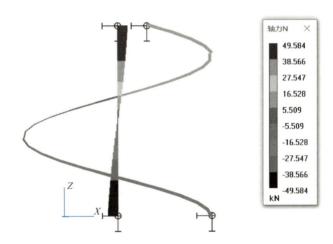

图 9.3-10　中柱与旋转梯梁的杆件轴力分布

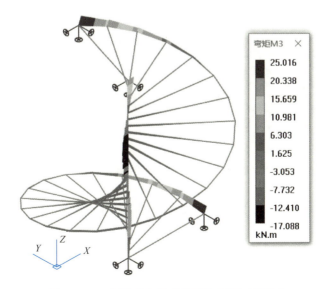

图 9.3-11　恒荷载+活荷载下的弯矩三维分布

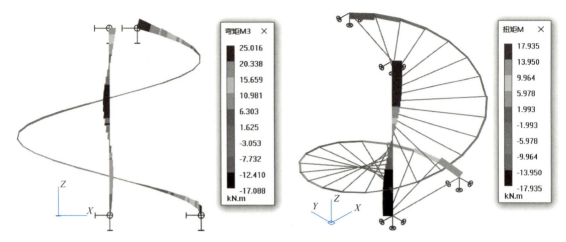

图 9.3-12 中柱与外圈旋转梯梁恒荷载+
活荷载下的弯矩二维分布

图 9.3-13 扭矩三维分布

第六步，支座反力的查看。

图 9.3-14 是某个支座反力分布情况，读者可以根据支座反力反带入主体结构，进行相关构件的复核。

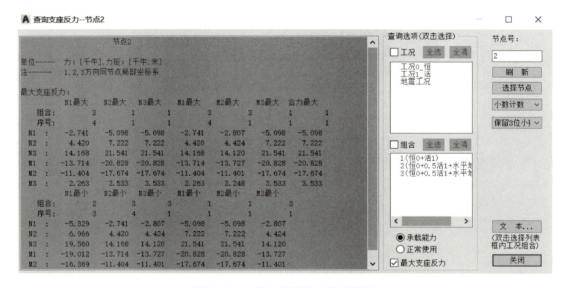

图 9.3-14 某个支座反力分布情况

以上就是带中柱旋转楼梯的建模和计算分析过程。

9.4 带中间平台旋转楼梯钢结构建模与计算分析

9.4-1 带中间平台旋转楼梯钢结构建模与计算分析一

本小节介绍带中间平台旋转楼梯的计算分析过程。

第一步，进行旋转楼梯的参数化建模。

带中间平台的旋转楼梯参数化建模是以前面两类楼梯的参数化建模为基础，过程稍微麻烦一些，感兴趣的读者可以加入前言尾部的读者群下载 Grasshopper 文件学习。图 9.4-1 是导出 dwg 的模型。

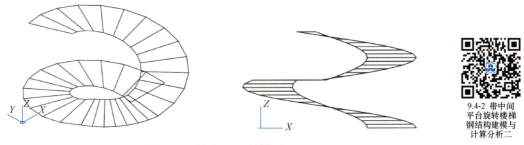

9.4-2 带中间平台旋转楼梯钢结构建模与计算分析二

图 9.4-1　导出 dwg 的模型

第二步，计算前处理。

内容与前面两小节类似，包括材性定义、截面赋值、支座及约束释放、荷载添加。处理完毕后的模型如图 9.4-2 所示。

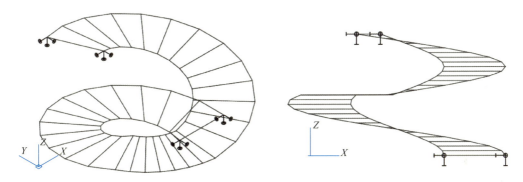

图 9.4-2　前处理完毕的 3D3S 模型

接下来，即可进行计算分析。

第三步，周期和振型的查看。

图 9.4-3 是周期汇总，可以看出与前面两种类型相比，带休息平台的旋转楼梯刚度相对较弱。图 9.4-4 是前三振型，振动情况与前面两种类型类似。

振型	周期（秒）	各振型质量参与系数		
		X方向	Y方向	Z方向
1	0.65243	0.13%	0.06%	37.22%
2	0.26166	24.52%	11.16%	1.66%
3	0.25010	1.02%	2.24%	0.00%
4	0.14774	0.34%	0.16%	10.07%
5	0.13092	0.01%	0.00%	24.61%
6	0.12822	23.91%	52.55%	0.00%
7	0.07373	0.32%	0.69%	0.00%
8	0.05913	16.71%	7.60%	0.15%
9	0.05214	0.36%	0.79%	0.00%
		67.32%	75.25%	73.71%

图 9.4-3　周期汇总

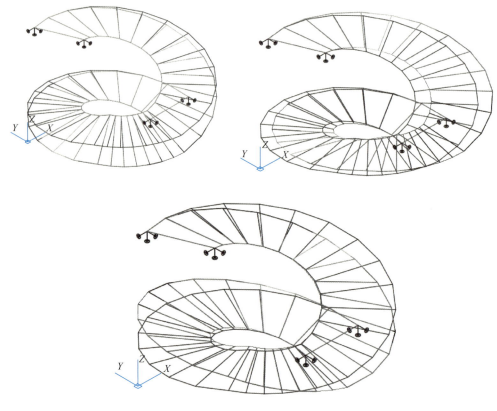

图 9.4-4　前三振型

第四步，查看带休息平台旋转楼梯的变形。

如图 9.4-5 所示，这是恒荷载＋活荷载下的变形。可以看出，竖向变形与前两种类型相比大幅度增加。图 9.4-6 是前视图下的变形，可以进一步观察到休息平台处变形较大，这是设计时需要重点留意的地方。

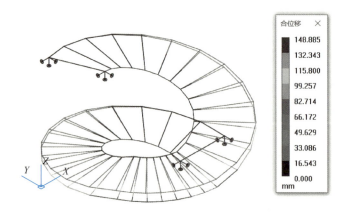

图 9.4-5　恒荷载＋活荷载下的变形

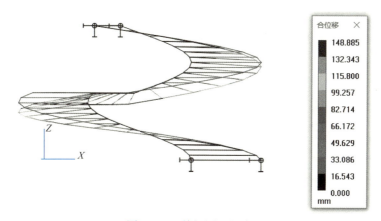

图 9.4-6　前视图下的变形

第五步，内力查看。

图 9.4-7 是恒荷载＋活荷载下的轴力三维分布。与前面两种类型不同，带休息平台的旋转楼梯在平台转角处，踏步梁轴力较大，需要留意。其余内外旋转梯梁轴力分布和前两种类似。图 9.4-8 为旋转梯梁的杆件轴力分布。

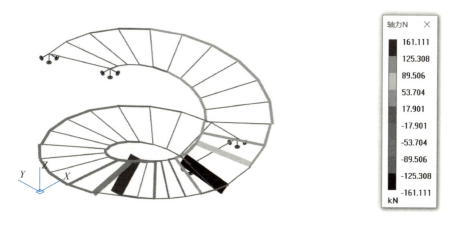

图 9.4-7　恒荷载＋活荷载下的轴力三维分布

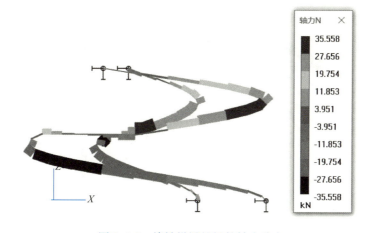

图 9.4-8　旋转梯梁的杆件轴力分布

图 9.4-9 是旋转楼梯的弯矩三维分布。可以看出，与无柱旋转楼梯类似，外圈旋转梯梁弯矩较大。图 9.4-10 是旋转梯梁的弯矩前视图，可以进一步观察其变化规律。

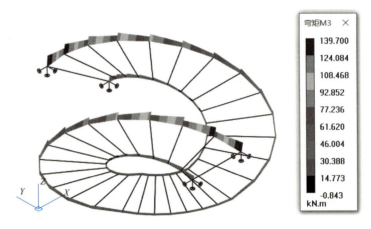

图 9.4-9　旋转楼梯的弯矩三维分布

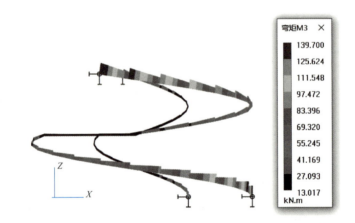

图 9.4-10　旋转梯梁的弯矩前视图

图 9.4-11 是旋转楼梯的扭矩三维图。可以看出，与无柱旋转楼梯类似，扭矩是不容

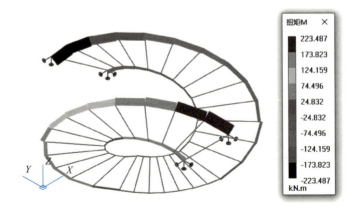

图 9.4-11　旋转楼梯的扭矩三维图

忽视的问题，建议严格控制旋转梯梁的应力比，通过构造措施进行加强，必要情况下采用 midas 或 SAP2000 作进一步的分析。

第六步，支座反力的查看。

图 9.4-12 是某个支座的反力汇总。读者可以发现，与无柱旋转楼梯类似，旋转楼梯支座反力对主体结构影响较大。在前期主体结构设计时，需要留好足够的安全储备。

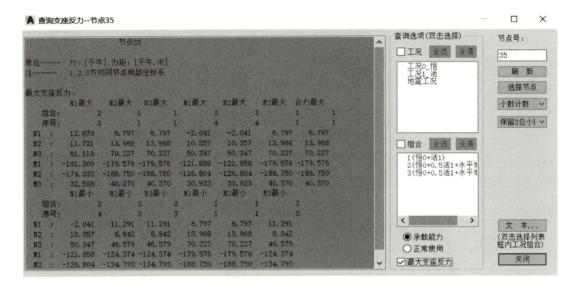

图 9.4-12　某个支座反力汇总

以上就是带休息平台旋转楼梯的建模和计算分析过程。

9.5　旋转楼梯钢结构小结

9.5 旋转楼梯钢结构小结

本章重点介绍了三类常见的旋转楼梯的参数化建模及计算分析重点步骤。在实际项目中，读者首先要与建筑师、甲方进行沟通，了解建筑需求，通过计算进行截面选型，尤其是对薄弱部位进行加强处理。

需要留意的是，旋转楼梯的舒适度计算是一种补充计算。实际项目中，一般借助 midas Gen 或 SAP2000 等有限元软件进行补充分析。有经验的读者在用 3D3S 进行本章内容的计算时，会控制好频率和应力比，以备更好地通过后续的舒适度进行补充计算。

第10章

空间钢结构节点设计

10.1 螺栓球节点

10.1.1 初识螺栓球

10.1.1 初识螺栓球

图 10.1-1 是螺栓球节点。它是网架结构经常用到的节点连接,在力学意义上相当于铰接约束。它的应用得益于六个优点,分别是:对汇交空间杆件适用性强;杆件对中方便;连接不产生偏心;避免现场大量焊接;零配件加工工厂化,保证工程质量;运输和安装方便。

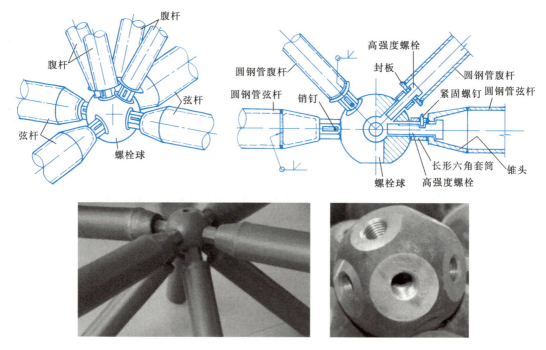

图 10.1-1 螺栓球节点

10.1.2 螺栓球节点概念设计

10.1.2 螺栓球节点概念设计

螺栓球节点的传力根据杆件受力情况而定。杆件受拉时,拉力的传力路径:钢管→锥头或封板→螺栓→钢球,此时套筒不受力;杆件受压时,压力的传力路径:钢管→锥头或封板→套筒→钢球,此时螺栓不受力。

220

总结起来就是，杆件受拉靠螺栓；杆件受压靠套筒。表 10.1-1 是目前螺栓球节点涉及五大构件的材料相关标准，读者可以根据情况参考查阅。

螺栓球节点涉及五大构件的材料相关标准　　　　表 10.1-1

零件名称	推荐材料	材料标准编号	备注
钢球	45 号钢	《优质碳素结构钢》GB/T 699	毛坯钢球锻造成型
高强度螺栓	20MnTiB、40Cr、35CrMo	《合金结构钢》GB/T 3077	规格 M12～M24
	35VB、40Cr、35CrMo		规格 M27～M36
	35CrMo、40Cr		规格 M39～M64×4
套筒	Q235B	《碳素结构钢》GB/T 700	套筒内孔径为 13～34mm
	Q355	《低合金高强度结构钢》GB/T 1591	套筒内孔径为 37～65mm
	45 号钢	《低质碳素结构钢》GB/T 699	
紧固螺钉	20MnTiB	《合金结构钢》GB/T 3077	螺钉直径宜尽量小
	40Cr		
锥头或封板	Q235B	《碳素结构钢》GB/T 700	钢号宜与杆件一致
	Q355	《低合金高强度结构钢》GB/T 1591	

10.1.3　螺栓球节点设计

10.1.3　螺栓球节点设计

1. 球体的设计

它要求三不碰：螺栓不相碰、套筒不相碰和杆件不相碰。

在确定螺栓球直径的大小时，主要取决于三个因素：①连接球体和杆件所采用的高强度螺栓直径的大小；②连接球体和杆件所采用的高强度螺栓拧入球体的长度；③连接螺栓球的相邻圆钢管杆件轴线夹角的大小。连接球体和杆件所采用的高强度螺栓，直径的大小根据杆件的内力来确定。通常，在同一网架结构中，连接弦杆所采用的高强度螺栓是一种统一的直径，而腹杆采用的高强度螺栓则是另一种直径。也就是说，通常情况下，同一网架采用的高强度螺栓的直径规格大约两种。在小跨度轻型网架中，连接球体和弦杆及腹杆所采用的高强度螺栓疑为同一种规格的直径。

首先，螺栓不相碰。图 10.1-2 是螺栓球体的尺寸示意图，要满足式（10.1-1）的要求，满足此条公式即可实现螺栓不相碰。

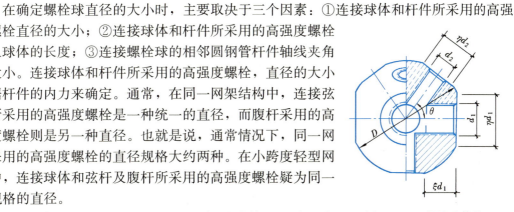

图 10.1-2　螺栓球体的尺寸示意图

$$D \geqslant \sqrt{\left(\frac{d_2}{\sin\theta} + d_1\cot\theta + 2\xi d_1\right)^2 + \eta^2 d_1^2} \quad (10.1\text{-}1)$$

$$D \geqslant \sqrt{\left(\frac{\eta d_2}{\sin\theta} + \eta d_1\cot\theta\right)^2 + \eta^2 d_1^2} \quad (10.1\text{-}2)$$

取两者中的较大者

式中　D——螺栓球的直径（mm）；

d_1、d_2——连接螺栓球和圆钢管杆件所采用的高强度螺栓直径（mm），$d_1 > d_2$；

θ——连接于螺栓球的两相邻圆钢管杆件轴线间的最小夹角（°）；

ξ——高强度螺栓拧入螺栓球的长度与高强度螺栓直径的比值，取 $\xi = 1.1$；

η——长形六角套筒外接圆的直径与高强度螺栓直径的比值，取 $\eta = 1.8$。

其次，套筒不相碰。即式（10.1-2）的内容，满足此条公式即可实现套筒不相碰。

最后，杆件不相碰。此条更多是从角度去控制，一般夹角控制在 30°以上即可。

图 10.1-3 是针对以上两个公式做的图形对比。横轴为角度，纵轴为根据两个公式计算的直径。可以发现，随着角度的减小，球体直径的要求越来越大。

表 10.1-2 是中国建筑工业出版社《钢结构连接节点设计手册（第五版）》总结的螺栓球体直径选用表格，实际项目可以根据此表格进行速查。

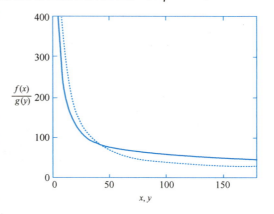

图 10.1-3　角度与直径的关系

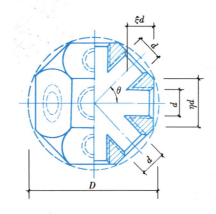

D—螺栓球的直径 (mm)；
d—连接于螺栓球的圆钢管杆件所采用的高强度螺栓直径 (mm)；
θ—连接于螺栓球的两相邻圆钢管杆件轴线间的最小夹角 (°)；
ξ—高强度螺栓拧入螺栓球的长度与高强度螺栓直径的比值，取 $\xi=1.1$；
η—长形六角套筒外接圆直径与高强度螺栓直径的比值，取 $\eta=1.8$。

螺栓球直径 D 值选用表　　　　表 10.1-2

θ (°) \ d (mm) / D (mm)	12	14	16	18	20	22	24	27	30	33	36	39	42	45	48	52	56	60	64	68
30	83	97	111	125	139	153	167	188	207	230	250	271	292	313	334	362	369	417	445	473
35	72	84	96	108	120	132	144	162	180	198	216	233	251	269	287	311	335	359	384	407
40	63	74	84	95	105	116	126	142	158	180	196	205	221	237	253	274	295	316	337	358
45	59	69	79	89	99	109	119	134	149	170	185	193	208	223	238	258	277	297	317	337
50	56	66	75	85	94	103	113	127	141	161	176	183	197	212	226	245	263	282	301	320
55	53	63	72	81	90	99	108	121	135	154	168	175	189	202	216	234	252	270	288	306
60	52	61	69	78	86	95	104	117	130	149	162	169	182	195	208	225	242	259	277	294

注：表中的螺栓球直径 D 按《钢结构连接节点设计手册（第五版）》公式（6-15）、公式（6-16）计算得到，并取两者中的较大者。

2. 螺栓的计算

图 10.1-4 是螺栓连接的两种情况。

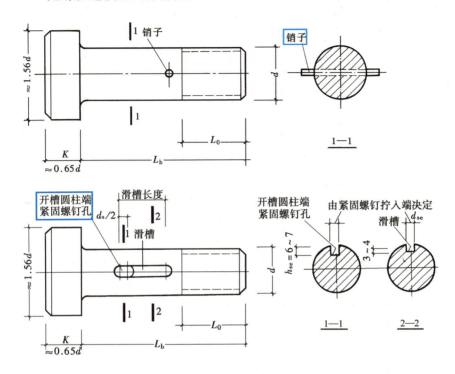

图 10.1-4　螺栓连接的两种情况

以下是《网格规程》中高强度螺栓的抗拉计算。这里提醒读者，如果直径大于 30mm，建议参考《钢结构连接节点设计手册（第五版）》乘以 0.93 的折减系数。

5.3.4　高强度螺栓的性能等级应按规格分别选用。对于 M12～M36 的高强度螺栓，其强度等级应按 10.9 级选用；对于 M39～M64 的高强度螺栓，其强度等级应按 9.8 级选用。螺栓的形式与尺寸应符合现行国家标准《钢网架螺栓球节点用高强度螺栓》GB/T 16939 的要求。选用高强度螺栓的直径应由杆件内力确定，高强度螺栓的受拉承载力设计值 N_t^b 应按下式计算：

$$N_t^b = A_{eff} f_t^b \tag{5.3.4}$$

式中：f_t^b——高强度螺栓经热处理后的抗拉强度设计值，对 10.9 级，取 $430N/mm^2$；对 9.8 级，取 $385N/mm^2$；

A_{eff}——高强度螺栓的有效截面积，可按表 5.3.4 选取。当螺栓上钻有键槽或钻孔时，A_{eff} 值取螺纹处或键槽、钻孔处二者中的较小值。

在实际项目中，可以结合表 10.1-3 直接进行查表。考虑到销钉孔等构件对螺栓的削弱，查表时适当留些富余，杆件最大承载力尽量控制在 750kN 以内，否则考虑焊接球节点。

常用高强度螺栓在螺纹处的有效截面面积 A_{eff} 和承载力设计值 N_t^b　　表 10.1-3

性能等级	规格 d	螺距 p（mm）	A_{eff}（mm²）	N_t^b（kN）
10.9 级	M12	1.75	84	36.1
	M14	2	115	49.5
	M16	2	157	67.5
	M20	2.5	245	105.3
	M22	2.5	303	130.5
	M24	3	353	151.5
	M27	3	459	197.5
	M30	3.5	561	241.2
	M33	3.5	694	298.4
	M36	4	817	351.3
9.8 级	M39	4	976	375.6
	M42	4.5	1120	431.5
	M45	4.5	1310	502.8
	M48	5	1470	567.1
	M52	5	1760	676.7
	M56×4	4	2144	825.4
	M60×4	4	2485	956.6
	M64×4	4	2851	1097.6

注：螺栓在螺纹处的有效截面面积 $A_{eff}=\pi(d-0.9382p)^2/4$。

针对压杆螺栓，可以参考《网格规程》第 5.3.5 条。受压杆件的连接螺栓直径，可按其内力设计值绝对值求得螺栓直径计算值后，按《网格规程》表 5.3.4 的螺栓直径系列减少 1~3 个级差。

最后介绍一下高强度螺栓螺杆的长度计算。图 10.1-5 是两类计算的示意图。可以形象地看出，螺杆长度只需要根据三个尺寸来确定。

3. 套筒计算

套筒主要传递压力。图 10.1-6 是长形六角套筒的三维简图。

套筒的压力计算主要有两个：薄弱部位的受压计算；端部承压计算。具体细节可以参考《钢结构连接节点设计手册（第五版）》的内容，这里主要列出下面两个公式，供读者参考。

$$\sigma_c = \frac{N}{A_{nn}} \leqslant f \quad 薄弱部位的受压计算$$

$$\sigma_{ce} = \frac{N}{A_{en}} \leqslant f_{ce} \quad 端部承压计算$$

以上是主要构件的传力计算，读者需要从概念上理解；再结合前面的软件操作章节，去查看相关计算书。

第 10 章 空间钢结构节点设计

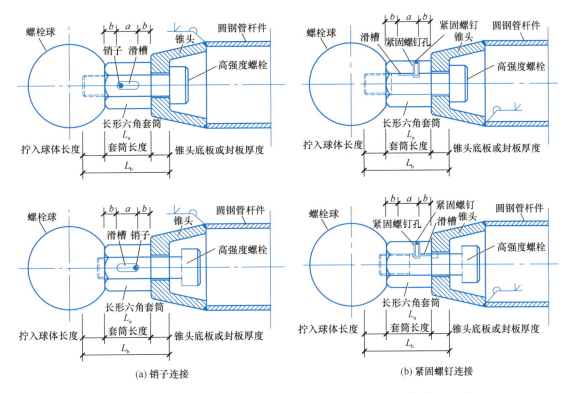

L_b＝拧入螺栓球的长度＋长形六角套筒的长度＋锥头底板（或杆端封板）的厚度

图 10.1-5　高强度螺栓螺杆长度计算示意图

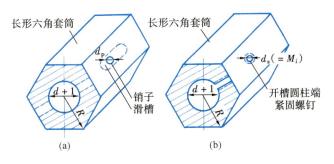

图 10.1-6　长形六角套筒的三维简图

4. 锥头和封板的计算

锥头和封板相对于前面三个构件显得微不足道，但是它也起着传递荷载的重要作用。它们与套筒通过焊缝进行连接，实际项目中二选一即可。焊缝的细节连接如图 10.1-7 所示。

锥头和封板的厚度根据受力确定。图 10.1-8 是它的计算简图，本质上属于局部受压作用，可以用下面的公式计算确定。

$$t \geqslant \sqrt{\frac{2N(R-r)}{\pi R f_y}} \quad \text{锥头和封板厚度}$$

225

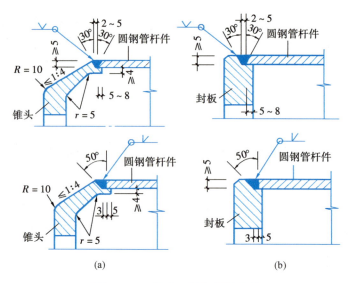

图 10.1-7 锥头和封板焊缝连接

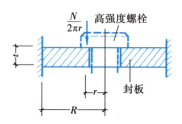

图 10.1-8 锥头和封板的计算简图

实际项目中，锥头和封板经常与螺栓配套。可以参考表 10.1-4 的表格选用，然后再进行核算。

锥头与封板厚度选用表　　　　　　　　　　　　　　　　　表 10.1-4

高强度螺栓规格	封板/锥头底厚（mm）	高强度螺栓规格	封板/锥头底厚（mm）
M12、M14	12	M36～M42	30
M16	14	M45～M52	35
M20～M24	16	M56×4～M60×4	40
M27～M33	20	M64×4	45

5. 销钉和紧固螺钉

它们属于紧固件的范畴，从受力的角度属于抗剪，但是综合考虑又不宜设计的太大，主要是考虑对螺栓的削弱。实际项目中，一般当前三个主要构件确定之后，销钉或紧固螺钉的规格也随之配套确定。

以上是涉及螺栓球节点的设计计算内容。最后，以螺栓球的加工工艺结束本小节的内容，螺栓球的加工工艺流程如图 10.1-9 所示。

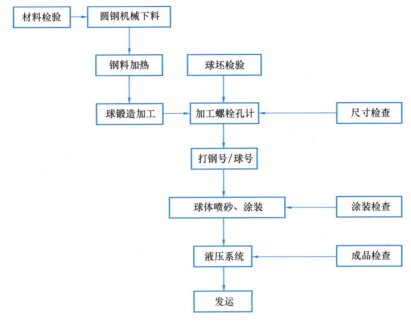

图 10.1-9　螺栓球加工工艺流程

10.2　焊接球节点

10.2.1　初识焊接球

图 10.2-1 是焊接球节点，它的特点是焊接、承载力高。

10.2.1 初识焊接球

图 10.2-1　焊接球节点

10.2.2 焊接球节点概念设计

1. 焊接球的种类

《网格规程》第 5.2.1 条规定，由两个半球焊接而成的空心球，可根据受力大小分别采用不加肋空心球（图 10.2-2）和加肋空心球（图 10.2-3）。空心球的钢材宜采用现行国家标准《碳素结构钢》GB/T 700 规定的 Q235B 钢或《低合金高强度结构钢》GB/T 1591 规定的 Q355B、Q355C 钢。产品质量应符合现行行业标准《钢网架焊接空心球节点》JG/T 11 的规定。

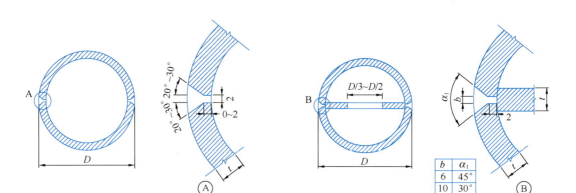

图 10.2-2　不加肋空心球　　　　　　　　图 10.2-3　加肋空心球

2. 焊接球的直径和厚度

可以参考《网格规程》第 5.2.5 条。焊接空心球的设计及钢管杆件与空心球的连接应符合下列构造要求：

（1）网架和双层网壳空心球的外径与壁厚之比宜取 25～45；
（2）单层网壳空心球的外径与壁厚之比宜取 20～35；
（3）空心球外径与主钢管外径之比宜取 2.4～3.0；
（4）空心球壁厚与主钢管的壁厚之比宜取 1.5～2.0；
（5）空心球壁厚不宜小于 4mm。

实际项目中，可以根据《钢结构连接节点设计手册（第五版）》的表格进行初选，如表 10.2-1 所示。

焊接空心球最小外径 D_{min} 值选用表（mm）　　　表 10.2-1

d_1+d_2 (mm)	θ (°)													
	27.5	30.0	32.5	35.0	37.5	40.0	42.5	45.0	47.5	50.0	52.5	55.0	57.5	60.0	62.5
80	229	210	194	180	168	158	148	140	133	126	120				
90	250	229	212	196	183	172	162	153	145	138	131	125	120		
100	271	248	229	213	199	186	175	166	157	149	142	135	130	124	
110	292	267	247	229	214	201	189	178	169	160	153	146	140	134	128
120	313	286	264	246	229	215	202	191	181	172	164	156	149	143	138

续表

d_1+d_2 (mm)	θ (°)													
	27.5	30.0	32.5	35.0	37.5	40.0	42.5	45.0	47.5	50.0	52.5	55.0	57.5	60.0	62.5
130	333	306	282	262	244	229	216	204	193	183	175	167	159	153	147
140	354	325	300	278	260	244	229	216	205	195	186	177	169	162	156
150	371	344	317	295	275	258	243	229	217	206	196	188	179	172	165
160	396	363	335	311	290	272	256	242	229	218	207	198	189	181	174
170	417	382	353	327	306	286	270	255	241	229	218	208	199	191	183
180	438	401	370	344	321	301	283	267	253	241	229	219	209	201	193
190	458	420	388	360	336	315	297	280	265	252	240	229	219	210	202
200	479	439	405	377	351	329	310	293	277	264	251	240	229	220	211
210	500	458	423	393	367	344	324	306	289	275	262	250	239	229	220
220	521	477	441	409	382	358	337	318	302	286	273	260	249	239	229
230	542	497	458	426	397	372	351	331	314	298	284	271	259	248	238
240	563	516	476	442	413	387	364	344	326	309	295	281	269	258	248
250	583	535	494	458	428	401	377	357	338	321	306	292	279	267	257
260		554	511	475	443	415	391	369	350	332	316	302	289	277	266
270		573	529	491	458	430	404	382	362	344	327	313	299	286	275
280		592	547	507	474	444	418	395	374	355	338	323	309	296	284
290			564	524	489	458	431	407	386	367	349	333	319	306	293
300			582	540	504	473	445	420	398	378	360	344	329	315	303
310			599	557	519	487	458	433	410	390	371	354	339	325	312
320				573	535	501	472	446	422	401	382	365	349	334	321
330				589	550	516	485	458	434	413	393	375	359	344	330
340					565	530	499	471	446	424	404	385	369	353	339
350					581	544	512	484	458	435	415	396	379	363	348
360					596	559	525	497	470	447	426	406	389	372	358
370						573	539	509	482	458	437	417	399	382	367
380						587	553	522	495	470	447	427	409	392	376
390							566	535	507	481	458	438	419	401	385
400							580	547	519	493	469	448	428	411	394
410							593	560	531	504	480	458	438	420	403
420								573	543	516	491	469	448	430	413

注：表中的空心球最小外径 D_{min} 按下式计算得到：

$$D_{min} = \frac{180 \times (d_1 + 2a + d_2)}{\pi \theta}$$

3. 焊接球节点的加肋

什么时候加肋？根据《网格规程》第 5.2.8 条，当空心球外径大于 300mm，且杆件内力较大需要提高承载能力时，可在球内加肋；当空心球外径大于或等于 500mm，应在球内加肋。肋板必须设在轴力最大杆件的轴线平面内，且其厚度不应小于球壁的厚度。图 10.2-4 是空心球有肋和无肋的剖视图。

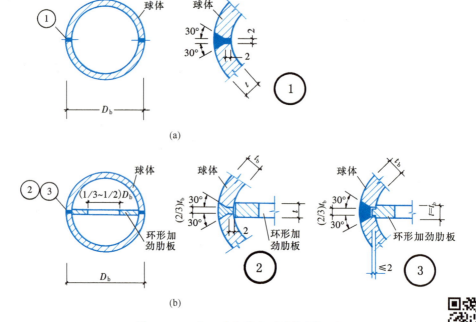

图 10.2-4 空心球有肋和无肋的剖视图

10.2.3 焊接球节点承载力计算

前面，从构造的角度对焊接球节点进行了初选。下面，从承载力的角度进行验算。以下是焊接球节点在《网格规程》中要求计算的公式。

5.2.2 当空心球直径为120mm～900mm时，其受压和受拉承载力设计值 N_R（N）可按下式计算：

$$N_R = \eta_0 \left(0.29 + 0.54 \frac{d}{D}\right) \pi t d f \tag{5.2.2}$$

式中：η_0——大直径空心球节点承载力调整系数，当空心球直径≤500mm时，$\eta_0=1.0$；
当空心球直径＞500mm时，$\eta_0=0.9$；

D——空心球外径（mm）；

t——空心球壁厚（mm）；

d——与空心球相连的主钢管杆件的外径（mm）；

f——钢材的抗拉强度设计值（N/mm²）。

上式中，读者需要知道第一个内容是承载力调整系数是以直径500mm为界限的。第二个是结合《网格规程》第5.2.4条，对加肋空心球，当仅承受轴力或轴力与弯矩共同作用，但以轴力为主（$\eta_m \geq 0.8$）且轴力方向和加肋方向一致时，其承载力可乘以加肋空心球承载力提高系数 η_d，受压球取 $\eta_d=1.4$，受拉球取 $\eta_d=1.1$。

从5.2.4条可以充分看出加肋的提高作用。

最后，读者要留意单层网壳中用到的焊接空心球须考虑弯矩的影响。在《网格规程》第5.2.3条有详细规定。公式如下所示：

5.2.3 对于单层网壳结构，空心球承受压弯或拉弯的承载力设计值 N_m 可按下式计算：

$$N_{\mathrm{m}} = \eta_{\mathrm{m}} N_{\mathrm{R}} \tag{5.2.3-1}$$

式中：N_{R}——空心球受压和受拉承载力设计值（N）；

η_{m}——考虑空心球受压弯或拉弯作用的影响系数，应按图 5.2.3 确定，图中偏心系数 c 应按下式计算：

$$c = \frac{2M}{Nd} \tag{5.2.3-2}$$

式中：M——杆件作用于空心球节点的弯矩（N·mm）；

N——杆件作用于空心球节点的轴力（N）；

d——杆件的外径（mm）。

以上是焊接空心球设计的内容。总的来说，在网架结构设计中，螺栓球节点和焊接空心球节点是主流，选择顺序是螺栓球节点优先，内力较大时选择焊接空心球节点。实际项目中，读者可以编一些计算此类节点的小程序，方便在主体结构设计过程中，根据内力随时估算关键杆件附近的节点。图 10.2-5 是焊接空心球计算的小程序，供读者参考。

焊接空心球计算

较大杆件直径 d_1(mm)： $d_1 := 60$

较小杆件直径 d_2(mm)： $d_2 := 40$

两杆件夹角 θ： $\theta := 30 \deg$

杆件净距 a(mm)： $a := 15$

空心钢球最小直径 D(mm)：

$D := \dfrac{(d_1 + 2 \cdot a + d_2)}{\theta} = 248.282$

主钢管杆件直径 d(mm)： $d := 160$

空心球壁厚 t(mm)： $t := 12$

承载力调整系数 η_0： $\eta_0 := 1$

钢材抗拉强度设计值 f(MPa)： $f := 215$

空心钢球受拉受压承载力设计值 N_{R}(kN)：

$N_{\mathrm{R}} := (\eta_0) \cdot \left(0.29 + 0.54 \cdot \dfrac{d}{D}\right) \cdot \pi \cdot d \cdot t \cdot f \cdot \dfrac{1}{1000} = 827.379$

单层网壳弯矩 M(kN·m)： $M := 100$

单层网壳轴力 N(kN)： $N := 100$

偏心系数 c： $c := \dfrac{2M}{N \cdot d} = 0.013$

单层网壳拉弯、压弯影响系数 η_{m}： $\eta_{\mathrm{m}} := 0.8$

空心钢球拉弯压弯承载力设计值 N_{m}(kN)：

$N_{\mathrm{m}} := (\eta_{\mathrm{m}}) \cdot (N_{\mathrm{R}} = 661.903)$

图 10.2-5　焊接空心球计算

10.3 相贯节点

10.3.1 相贯节点概述

相贯节点是空间管桁架结构中所特有的节点连接,如图 10.3-1 所示。前面在管桁架设计的相关章节中,对相贯节点我们采用的是弦杆贯通、腹杆铰接的处理方法。相贯节点的外观有一种自然美,但是弊端是现场焊接量大。本小节我们以圆管相贯节点为例进行介绍。对于矩形管,读者可自行结合圆管的内容进行对比总结。

图 10.3-1 相贯节点

10.3.2 相贯节点概念设计

在实际项目中,桁架的内力计算模型一般如图 10.3-2 所示。桁架杆件需要满足表 10.3-1 的要求,这也是在桁架计算时选择截面的限值条件。

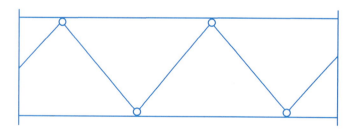

图 10.3-2 桁架计算模型

桁架杆件截面尺寸限制　　　　表 10.3-1

$\beta = d_i/d$	$\gamma = d/(2t)$	d_i/t_i	$\tau = t_i/t$	θ	ϕ
$0.2 \leqslant \beta \leqslant 1.0$	$\leqslant 50$	$\leqslant 60$	$0.2 \leqslant \tau \leqslant 1.0$	$\geqslant 30°$	$60° \leqslant \phi \leqslant 120°$

注:1. d、d_i 分别为主支管直径;t、t_i 分别为主支管壁厚。
　　2. θ 为主支管轴线间小于直角的夹角。
　　3. ϕ 为空间管节点支管的横向夹角,即支管轴线在主管横截面所在平面投影的夹角。

第10章 空间钢结构节点设计

实际项目中，相贯节点的计算一般分两类：一类是重要节点的手算复核；另一类是借助 3D3S 软件进行全部节点的计算。除了这两类之外，特殊的节点可以通过试验、有限元分析进行补充计算。节点计算的总原则是强节点、弱杆件。

10.3.3 典型相贯节点计算

圆管相贯节点种类繁多，总体分两大类。第一类是平面类，主要有平面 X 形、平面 T 形（或 Y 形）、平面 K 形间隙、平面 K 形搭接、平面 DY 形、平面 DK 形、平面 KT 形；第二类是空间类，主要有空间 TT 形、空间 KK 形、空间 KT 形。下面我们介绍三种典型的节点。

1. 平面 X 形节点

它的计算简图如图 10.3-3 所示，根据支管拉压分两类进行计算，公式如下，具体参数含义读者可以参考《钢标》相贯节点章节的内容。

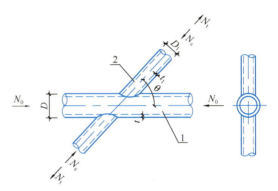

图 10.3-3 平面 X 形节点计算简图

$$N_{cX} = \frac{5.45}{(1-0.81\beta)\sin\theta} \psi_n t^2 f \quad \text{受压支管}$$

$$N_{tX}^{pj} = 0.78 \left(\frac{d}{t}\right)^{0.2} N_{cX}^{pj} \quad \text{受拉支管}$$

这里强调两处公式中需要留意的地方，第一处是参数与主管压应力比的关系，如图 10.3-4 所示。这里可以看出，参数的上限是 1，随着压应力比的增加而下降。但是，不是无限制下降，最多 40%。

第二处是受拉承载力与径厚比的关系，如图 10.3-5 所示，随着径厚比的增加而增大。但是，不是无限制增大，上限是 2。

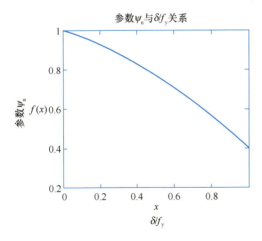

图 10.3-4 参数与主管压应力的关系

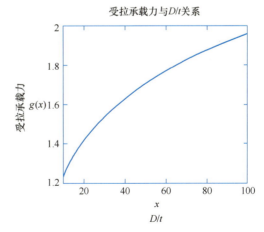

图 10.3-5 受拉承载力与径厚比的关系

2. 平面 T 形节点

计算简图如图 10.3-6 所示，其计算也分受拉和受压两类，公式如下：

$$N_{cT} = \frac{11.51}{\sin\theta}\left(\frac{D}{t}\right)^{0.2}\psi_n\psi_d t^2 f$$

当 $\beta \leqslant 0.7$ 时:

$$\psi_d = 0.069 + 0.93\beta$$

当 $\beta > 0.7$ 时:

$$\psi_d = 2\beta - 0.68$$

当 $\beta \leqslant 0.6$ 时:

$$N_{tT} = 1.4 N_{cT}$$

当 $\beta > 0.6$ 时:

$$N_{tT} = (2 - \beta) N_{cT}$$

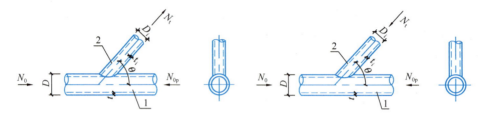

图 10.3-6 平面 T 形节点

这里，提醒读者公式参数与外径比的关系。如图 10.3-7 所示，上限大约为 1.32。

3. 平面 K 形节点

计算简图如图 10.3-8 所示，其计算同样分受压支管和受拉支管两大类，主要公式如下：

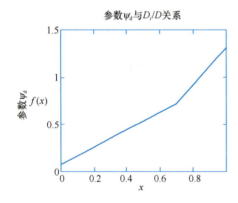

图 10.3-7 参数与外径比的关系

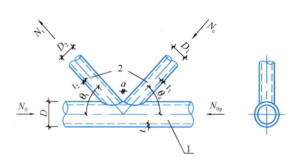

图 10.3-8 平面 K 形节点计算简图

$$N_{cK} = \frac{11.51}{\sin\theta_c}\left(\frac{D}{t}\right)^{0.2}\psi_n\psi_d\psi_a t^2 f$$

$$\psi_a = 1 + \left(\frac{2.19}{1 + 7.5a/D}\right)\left(1 - \frac{20.1}{6.6 + D/t}\right)(1 - 0.77\beta)$$

$$N_{tX}^{pj} = 0.78\left(\frac{d}{t}\right)^{0.2} N_{cX}^{pj}$$

以上三类节点是圆管相贯节点中最基本的三类节点，其他圆管相贯节点都是在此基础上衍生出来的。读者在把握好这三类基本相贯节点的基础上，可以进一步对其他节点的计算公式进行阅读。

10.4 平板压力支座

10.4.1 空间结构支座概述

支座是空间结构与下部结构传递荷载的媒介。图 10.4-1 是实际项目中各种类型的空间结构支座。

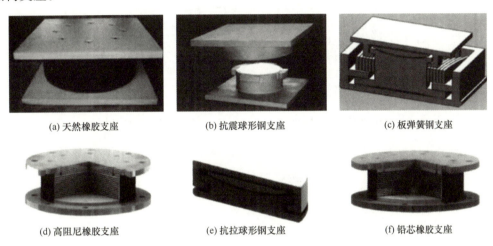

图 10.4-1 各种空间结构支座

《网格规程》第 5.9 节中对支座有两大要求，分别是：

5.9.1 空间网格结构的支座节点必须具有足够的强度和刚度，在荷载作用下不应先于杆件和其他节点而破坏，也不得产生不可忽略的变形。支座节点构造形式应传力可靠、连接简单，并应符合计算假定。

5.9.2 空间网格结构的支座节点应根据其主要受力特点，分别选用压力支座节点、拉力支座节点、可滑移与转动的弹性支座节点以及兼受轴力、弯矩与剪力的刚性支座节点。

实际项目中，常用的支座有平板支座、橡胶支座和球铰支座。其他支座都是在此基础上延伸出来的。从跨度的角度而言，平板支座适合小跨度网架、橡胶支座适合中小跨度网架、大跨度网架适合球铰支座。

10.4.2 平板压力支座概念设计

图 10.4-2 是常见的平板压力支座节点示意图，其计算重点是支座底板和十字加劲肋。此小节我们从概念的角度进行介绍，下一小节我们结合 3D3S 的计算书进行解读。

图 10.4-3 为平板压力支座立面图、底板俯视图和十字加劲板三维图。竖向压力的传递顺序为：杆件→球节点→十字加劲板→支座底板→混凝土预埋件→混凝土构件。其中，焊缝是以上构件传递的媒介，尤其是十字加劲板那块的传力。

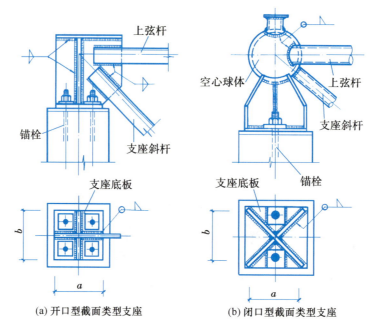

图 10.4-2 常见的平板压力支座节点示意图

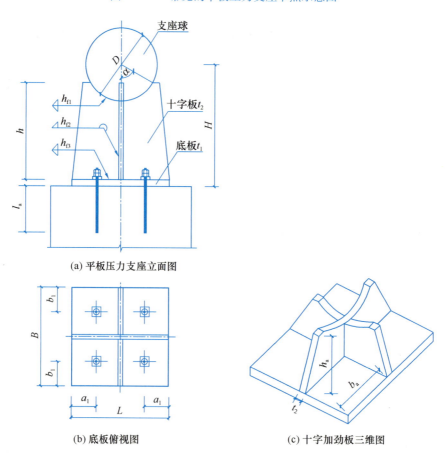

图 10.4-3 平板压力支座相关节点图

支座底板的面积和厚度可以参考《钢结构连接节点设计手册（第五版）》的相关内容。这里，我们罗列出关键公式。以下是底板面积和厚度的公式计算。概念上，底板面积由抗压决定，底板厚度由抗弯确定。

底板面积：

$$A_{pb} = a \times b \geqslant \frac{R}{f_c} \tag{4-21}$$

底板厚度：

$$t_{pb} \geqslant \sqrt{\frac{6M_{max}}{f}} \tag{4-22}$$

10.4.3 平板压力支座计算书详解

10.4.3 平板压力支座计算书详解

本节我们结合 3D3S 支座部分的计算书进行进一步的解读。图 10.4-4 是支座计算界面，分为三部分。左侧为计算图示；中间为参数输入；右侧主要为计算结果，点击生成计算书，即可得到详细的计算过程。

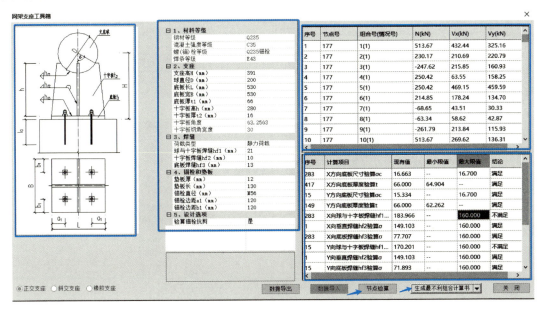

图 10.4-4　支座计算界面

1. 几何尺寸

如图 10.4-5 所示，此部分内容的重点是对支座计算界面左侧和中侧的汇总。

2. 底板验算

图 10.4-6 是底板底面积的验算，这里提醒读者软件考虑了两个方向剪力产生的弯矩影响。电算时这个应考虑，计算结果更为准确。

图 10.4-7 是底板厚度的验算，底板厚度主要由抗弯确定。

3. 焊缝相关计算

此部分对力学基本功要求比较高。图 10.4-8 是剪力作用方向与球十字板的焊缝计算，注意四条接触线，八条焊缝；剪力方向四条焊缝承受剪力，轴力方向八条焊缝承受轴力。

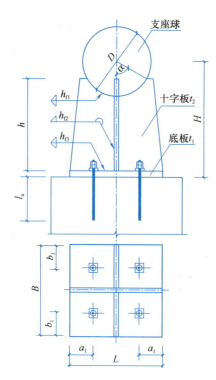

参数类型	名称	值
尺寸	底板长 L	530mm
	底板宽 B	530mm
	底板厚 t_1	66mm
	十字板高 h	280mm
	十字板厚 t_2	16mm
	十字板角度	63.2563
	支座高 H	391mm
	球直径 D	200mm
焊缝	球与十字板焊缝 hf_1	21mm
	十字板焊缝 hf_2	10mm
	底板焊缝 hf_3	13mm
材料	钢材等级	Q235
	混凝土强度等级	C35
	螺（锚）栓等级	Q235锚栓
	锚筋等级	HRB400
	焊条等级	E43
螺(锚)栓和垫板	垫板厚 t	12mm
	垫板长	130mm
	螺（锚）栓直径	M56
	螺（锚）栓边距 a_1	120mm
	螺（锚）栓边距 b_1	120mm

图 10.4-5　几何尺寸

1) V_x 方向 底板尺寸验算

轴力与剪力共同作用下的偏心距

$$e_x = \frac{V_x \times H}{N} = \frac{432.442 \times 391}{513.669} = 329.171 \text{mm}$$

$e_x > (L/6 + a_1/3) = 128\text{mm}$

根据《钢结构连接节点设计手册》（第三版）第九章表9-77确定受拉侧锚栓总有效面积

$A_e^a = 4288 \text{mm}^2$

底板受压区长度 x_n 由以下式求得

$$x_n^3 + 3(e - L/2) x_n^2 - \frac{6nA_e^a}{B}(e + L/2 - a_1)(L - a_1 - x_n) = 0$$

求得 $x_n = 241.623\text{mm}$，则

$$\sigma_{cx} = \frac{2N(e_x + L/2 - a_1)}{Bx_n(L - a_1 - x_n/3)}$$

$$= \frac{2 \times 513.669 \times 1000 \times (329.171 + 530/2 - 120.000)}{530 \times 241.623 \times (530 - 120.000 - 241.623/3)} = 11.546 \text{N/mm}^2$$

混凝土等级为：C35，查表可得 $\beta_c = 1.000$，$f_c = 16.700$。

$\sigma_{cx} \leq \beta_c f_c = 1.000 \times 16.700 = 16.700 \text{N/mm}^2$

底板尺寸：满足

图 10.4-6　底板底面积的验算截图*

---

* 根据出版的格式体例要求略作改动。后同，不赘述。

按《钢结构设计标准》3.4.1条:
底板材料为Q235,厚度为66mm,抗弯强度设计值f取为200N/mm²
计算区格按两邻边支承考虑

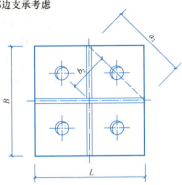

$$a_2 = \sqrt{(\frac{L}{2})^2 + (\frac{B}{2})^2} = \sqrt{(\frac{530}{2})^2 + (\frac{530}{2})^2} = 374.767 \text{mm}$$

$$b_2 = (\frac{L}{2}) \times (\frac{B}{2})/a_2 = \frac{530}{2} \times \frac{530}{2}/374.767 = 187.383 \text{mm}$$

$$b_2/a_2 = 0.500$$

查下表可得系数$\alpha=0.060$

b_2/a_2	0.30	0.35	0.40	0.45	0.50	0.55	0.60	0.65	0.70	0.75	0.80	0.85
α	0.027	0.036	0.044	0.052	0.060	0.068	0.075	0.081	0.087	0.092	0.097	0.102

区格内底板承受混凝土传来的最大分布反力为

$$\sigma_{cx} = 11.546 \text{N/mm}^2$$

$$M_{max} = \alpha \sigma_{cx} (a_2)^2 = 0.060 \times 11.546 \times 374.767^2 = 97298.253 \text{N} \cdot \text{mm}$$

故底板厚度应满足:

$$t \geqslant \sqrt{\frac{6M_{max}}{f}} = \sqrt{\frac{6 \times 97298.253}{200}} = 54.027 \text{mm} \leqslant 66.000 \text{mm}$$

底板厚度:满足

图 10.4-7　底板厚度的验算截图

1) V_x方向 球与十字板焊缝验算

[球与十字板焊缝验算]

十字板顶单条焊缝长度取为:

$$L_{wv} = R \times \alpha - t_2/2 - 2hf_1 = 100 \times 63.2563 \times 3.14/180 - 16/2 - 2 \times 21$$
$$= 60.4031 \text{mm}$$

焊缝承受轴力:$N/8$
焊缝承受剪力:$V/4$

按《钢结构设计标准》11.2.2-3公式:

$$\sigma = \sqrt{(\sigma_f/\beta_f)^2 + \tau_f^2} = \sqrt{(\frac{N}{8 \times 0.7 h_{f1} L_{wv}}/1.22)^2 + (\frac{V_x}{4 \times 0.7 h_{f1} L_{wv}})^2}$$

$$= \sqrt{(\frac{513.669 \times 1000}{8 \times 0.7 \times 21 \times 60.4031 \times 1.22})^2 + (\frac{432.442 \times 1000}{4 \times 0.7 \times 21 \times 60.4031})^2}$$

$$= 135.42 \text{N/mm}^2 \leqslant f_f^w = 160 \text{N/mm}^2$$

球与十字板焊缝验算:满足

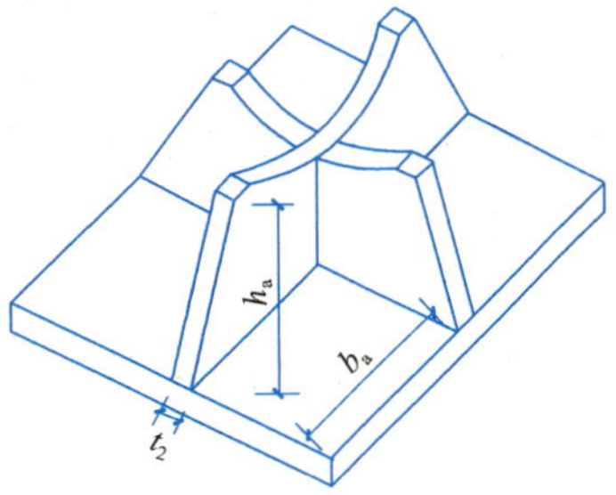

图 10.4-8　力作用方向与球十字板的焊缝计算截图

图 10.4-9 是剪力作用下垂直焊缝的计算，此处是对垂直焊缝的验算。

竖向力偏心距离 $L/4$
根据《钢结构连接节点设计手册》(第三版)公式4-19：
竖向力偏心弯矩：
$$M_{Vx} = \frac{N}{4} \times \frac{L}{4} = \frac{513.669 \times 1000}{4} \times \frac{530}{4} = 17015275.03 \text{N} \cdot \text{mm}$$
每块加劲板承受的竖向力：
$$V_{Vx} = \frac{N}{4} = \frac{513.669 \times 1000}{4} = 128417.17 \text{N}$$

2) V_x 方向垂直焊缝验算

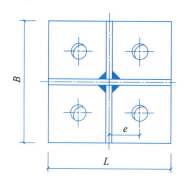

支座竖向力 N=513.669kN

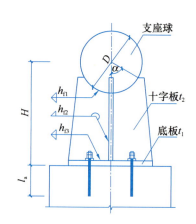

按《钢结构设计标准》11.2.2-3条规定：垂直焊缝计算长度取实际长度减去 $2h_{f2}$
即：$L_{wv} = H - D/2 - t_1 - t_2 - 2hf_2 = 391 - 200/2 - 66 - 0 - 2 \times 10 = 205 \text{mm}$

$$\sigma = \sqrt{(\sigma_f/\beta_f)^2 + \tau_f^2} = \sqrt{(\frac{6M}{2 \times 0.7 h_{f2} L_{wv}^2 / 1.22})^2 + (\frac{V_1}{2 \times 0.7 h_{f2} L_{wv}})^2}$$

$$\sqrt{(\frac{6 \times 17015275.03}{2 \times 0.7 \times 10 \times 205^2 \times 1.22})^2 + (\frac{128417.17}{2 \times 0.7 \times 10 \times 205})^2}$$

$= 149.10 \text{N/mm}^2 \leqslant f_f^w = 160 \text{N/mm}^2$
垂直焊缝：满足

图 10.4-9 剪力作用下垂直焊缝的计算截图

图 10.4-10 是剪力作用下水平焊缝的计算，此处是对水平焊缝的验算。

以上是焊缝相关的计算，简单回顾一下就是三大类焊缝，从球节点与十字板的八条焊缝到十字板的垂直焊缝，再到十字板与底板的水平焊缝，焊缝的存在解决了构件之间传递力的问题。

4. 十字板计算

如图 10.4-11 所示，这个是构造层面的控制。

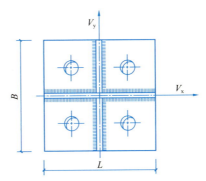

与V_x的水平焊缝总长度取为：

$$L_1=[(L-t_2)-4h_{f3}]\times 2=[(530-16)-4\times 13]\times 2=924mm$$

与V_x的垂直焊缝总长度取为：

$$L_2=[(B-t_2)-4h_{f3}]\times 2=[(530-16)-4\times 13]\times 2=924mm$$

假定V_x全部由L_1承担

按《钢结构设计标准》11.2.2-3公式：

$$\sigma=\sqrt{(\sigma_f/\beta_f)^2+\tau_f^2}=\sqrt{\left[\frac{N}{0.7h_{f3}(L_1+L_2)}/1.22\right]^2+\left(\frac{V_x}{0.7h_{f2}L_1}\right)^2}$$

$$=\sqrt{\left[\frac{513.669\times 1000}{0.7\times 13\times (924+924)\times 1.22}\right]^2+\left(\frac{432.442\times 1000}{0.7\times 13\times 924}\right)^2}$$

$$=57.20N/mm^2 \leqslant f_f^w=160N/mm^2$$

图 10.4-10 剪力作用水平焊缝计算截图

1) 十字板局部稳定验算

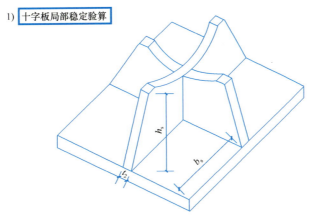

十字板外伸宽度 $b_s=(L-t_2)/2=(530-16)/2=257mm$

十字板高 $h_s=280mm$

高度比 $\tau=b_s/h_s=0.918$

$\tau \leqslant 1.0$

$b_s/t_2=257/16=16.063 \leqslant 42.8$

十字板局部稳定：满足

2) 十字板抗剪验算

十字板的主要作用是提高支座节点的侧向刚度，减小底板弯矩，改善底板受力，十字板一般不受强度控制，此处计算省略。

图 10.4-11 十字板计算截图

5. 锚栓垫板的计算

如图 10.4-12 所示,此步也是一种力学简化计算。

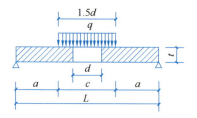

受力范围 c 取螺(锚)栓直径的 $1.5d$:$c=1.5d=1.5\times56=84$mm

$q=Ta/c=225.625/84=2.686$N/mm

由静力计算手册可得:

$$M_{\max}=\frac{qcl}{8}(2-\frac{c}{l})=\frac{2.686\times84\times130}{8}(2-\frac{84}{130})=4963.742\text{N}\cdot\text{mm}$$

垫板净截面抵抗矩为:

$$W_n=\frac{1}{6}(l-d-2)\,t^2=\frac{1}{6}\times(130-56-2)\times12^2=1728.000\text{mm}^3$$

弯曲应力:

$$\sigma=\frac{M_{\max}}{\gamma W_n}=\frac{4963.742}{1.2\times1728}=2.394\text{N/mm}^2\leqslant f=215\text{N/mm}^2$$

垫板验算:满足

图 10.4-12　锚栓垫板计算截图

以上是平板压力支座的全部设计内容。

10.5　橡胶支座

10.5.1 橡胶支座概念设计

10.5.1　橡胶支座概念设计

任何一种支座的产生都不是偶然的。在前面的平板压力支座中,如果水平力过大,则无解。这就需要一种新的支座来代替它,不能硬抗。须通过变形来释放,橡胶支座由此应运而生,如图 10.5-1 所示。此小节我们介绍橡胶支座相关的一些基本概念。

1. 橡胶支座的变形机理

与平板压力支座相比,它多了一个橡胶垫。图 10.5-2 是橡胶垫的变形,可以看出,它的变形可以释放水平力,代价就是刚度的下降。

2. 橡胶支座的种类

实际项目中,我们用的橡胶支座是平板橡胶支座。根据橡胶的材质,分为两类:一类为氯丁橡胶支座,适用气温不低于 -25℃;另一类为天然橡胶支座,适用气温为 $-40\sim-25$℃。表 10.5-1 是两类橡胶的物理指标。

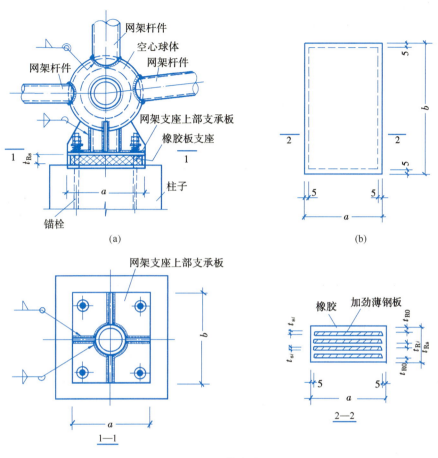

图 10.5-1 橡胶支座

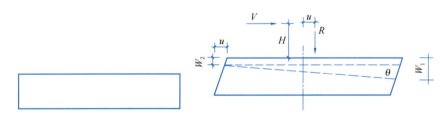

图 10.5-2 橡胶垫的变形

两类橡胶的物理指标 表 10.5-1

胶料类型	硬度（邵氏）	拉伸强度（N/mm²）	扯断伸长率（%）	扯断永久变形（%）	300%定伸强度（N/mm²）	脆性温度（℃）（不低于）
氯丁橡胶	60°±5°	≥18.63	≥450	≤25	≥7.84	−25
天然橡胶	60°±5°	≥18.63	≥500	≤20	≥8.82	−40

表 10.5-1 中，我们需要明白几个名词所代表的物理意义。

(1) 硬度：橡胶受外力压缩时，反抗变形的能力称为硬度，为相对硬度；
(2) 拉伸强度：极限抗拉强度；
(3) 伸长率：（橡胶扯断时长度－原长）/原长；
(4) 300%定伸强度：橡胶拉伸到 3 倍原长时所需要的拉力/截面积得到的应力；
(5) 扯断永久变形：永久变形即为残余变形，扯断后的残余变形/原长。

表 10.5-2 是橡胶支座的力学性能指标，在设计时会用到。读者也可以从《钢结构连接节点设计手册（第五版）》或《网格规程》附录部分进一步了解更多的内容。

橡胶支座（成品）的物理力学性能指标　　　　　　　　　　　　表 10.5-2

容许抗压强度 (N/mm²)		极限破坏强度 (N/mm²)	抗压弹性模量 E_R（N/mm²）	抗剪弹性模量 G_R（N/mm²）	容许最大剪切角正切值 [$\tan\alpha$]	抗滑移系数 μ	
[σ]$_{max}$	[σ]$_{min}$					与钢板	与混凝土
7.84~9.80	1.96	>58.82	由形状系数 β 按表 10.5-3 采用	0.98~1.47	0.7	0.2	0.3

橡胶支座的抗压弹性模量随支座形状系数而变化，具体可按表 10.5-3 采用。抗剪弹性模量 G_k 通常取 1.1 。

橡胶支座抗压弹性模量 E_R 和形状系数 β 值　　　　　　　表 10.5-3

β	4	5	6	7	8	9	
E_R（N/mm²）	196	265	333	412	490	579	
β	10	11	12	13	14	15	16~20
E_R（N/mm²）	657	745	843	932	1040	1157	1285~1863
附注	支座形状系数按下式计算：$$\beta = \frac{ab}{2(a+b)t_{Ri}}$$ a、b—橡胶支座的短边长度和长边长度；t_{Ri}—支座中间层橡胶片的厚度						

10.5.2 橡胶支座计算

橡胶支座的计算关键是橡胶垫的相关计算。一般分为橡胶垫面积计算、橡胶垫厚度计算、橡胶垫平均压缩变形计算和橡胶垫抗滑移验算。下面，我们逐一介绍。

10.5.2 橡胶支座计算

1. 橡胶垫的面积计算

它的目的就是确定橡胶垫的平面尺寸 $a \times b$，计算公式如下：

$$\sigma_c = \frac{R}{a \times b} \leqslant \begin{cases} [\sigma_{CR}]_{max}（对橡胶支座）且大于 [\sigma_{CR}]_{min} \\ f_c \quad（对底板下混凝土） \end{cases}$$

2. 橡胶层的总厚度

它的计算和水平变形有关系。《网格规程》与《钢结构连接节点设计手册（第五版）》表述有些出入，如下所示。但是，它们的原理是一样的，如图 10.5-3 所示，都是从水平变形反算而来。

$d_0 \geqslant 1.43u$ 《网格规程》 $t_R = \dfrac{S_H}{[\tan\alpha]} \leqslant 0.2a$ 《钢结构连接节点设计手册（第五版）》

$d_0 \leqslant 0.2a$

3. 平均压缩变形计算

可以参考《钢结构连接节点设计手册（第五版）》的公式计算。内容如下：

$$0.05 t_R \geqslant \Delta t_R = \dfrac{R t_R}{ab E_R} \geqslant \dfrac{1}{2} a \theta_{\max}$$

这里的难点是支座转角的计算，可以根据图 10.5-4 进行计算。

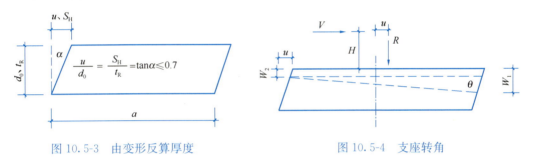

图 10.5-3　由变形反算厚度　　　　图 10.5-4　支座转角

实际项目中，如果仅根据图 10.5-4 进行计算，无疑给读者带来极大困难。这里，我们根据 3D3S 能够读取的三个方向的变形分量进行反推，推导过程如图 10.5-5 所示。

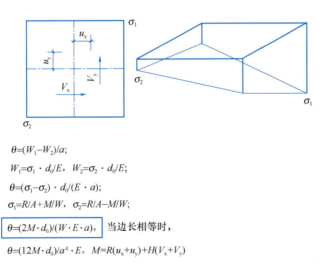

图 10.5-5　支座转角结合软件电算推导

图 10.5-5 中，M 需要考虑水平力 V_x、V_y 因支座实际构造高度 H 引起的偏心弯矩 $V_x \cdot H$、$V_y \cdot H$；R、V_x、u_x、V_y、u_y 为同一标准组合的反力和位移，这样就可以相对容易地得出支座的转角。

4. 支座的抗滑移计算

它是为了保证橡胶支座在水平力作用下不发生滑动，公式如下所示：

$$\mu R_g \geqslant G_R ab \frac{S_H}{t_R}$$

以上是橡胶支座特有的计算内容。

10.5.3　橡胶支座刚度计算

实际项目中，此部分内容可以用 3D3S 很容易实现。这里，我们重点提醒读者在单独进行钢结构部分设计时，如果用到橡胶支座，可以根据《网格规程》附录中的刚度计算部分，进行下部结构和橡胶支座的模拟，如下所示。

1　分析计算时应把橡胶垫板看作为一个 弹性元件 ，其竖向刚度 K_{z0} 和两个水平方向的侧向刚度 K_{n0} 和 K_{s0} 分别可取为：

$$K_{z0} = \frac{EA}{d_0}, \quad K_{n0} = K_{s0} = \frac{GA}{d_0} \tag{K.0.4-1}$$

2　当橡胶垫板搁置在网架支承结构上，应计算橡胶垫板与支承结构的组合刚度。如支承结构为独立柱时， 悬臂独立柱 的竖向刚度 K_{zl} 和两个水平方向的侧向刚度 K_{nl}、K_{sl} 应分别为：

$$K_{zl} = \frac{E_l A_l}{l}, \quad K_{nl} = \frac{3E_l I_{nl}}{l^3}, \quad K_{sl} = \frac{3E_l I_{sl}}{l^3} \tag{K.0.4-2}$$

式中：E_l —— 支承柱的弹性模量；

I_{nl}、I_{sl} —— 支承柱截面两个方向的惯性矩；

l —— 支承柱的高度。

橡胶垫板与支承结构的组合刚度，可根据 串联弹性元件 的原理，分别求得相应的组合竖向与侧向刚度 K_z、K_n、K_s，即：

$$K_z = \frac{K_{z0} K_{zl}}{K_{z0} + K_{zl}}, \quad K_n = \frac{K_{n0} K_{nl}}{K_{n0} + K_{nl}}, \quad K_s = \frac{K_{s0} K_{sl}}{K_{s0} + K_{sl}} \tag{K.0.4-3}$$

以上是橡胶支座计算部分的内容。

10.6　支座与节点小结

本章重点介绍了空间结构中经常遇到的杆件节点与支座节点设计。其中，螺栓球节点、焊接球节点多用于网架、网壳，相贯节点多用于空间管桁架。平板压力支座和橡胶支座是中小跨度网架常用的支座类型。

实际项目中，涉及复杂的杆件节点和支座，建议读者通过正规途径与项目有关厂家提前联系沟通。充分将设计意图进行交底，结合厂家的实际生产现状进行调整，更好地满足项目的设计要求。

参 考 文 献

[1] 傅学怡. 实用高层建筑结构设计[M]. 2版. 北京：中国建筑工业出版社，2010.
[2] 西安建筑科技大学. 钢结构基础[M]. 4版. 北京：中国建筑工业出版社，2019.
[3] 张毅刚，薛素铎，杨庆山，等. 大跨空间结构[M]. 2版. 北京：机械工业出版社，2014.
[4] 中国建筑设计院有限公司. 结构设计统一技术措施[M]. 北京：中国建筑工业出版社，2018.
[5] 北京市建筑设计研究院有限公司. 建筑结构专业技术措施（2019版）[M]. 北京：中国建筑工业出版社，2019.
[6] 中国建筑西南设计研究院有限公司. 结构设计统一技术措施[M]. 北京：中国建筑工业出版社，2020.
[7] 但泽义，柴昶，李国强，等. 钢结构设计手册（上册）[M]. 4版. 北京：中国建筑工业出版社，2019.
[8] 但泽义，柴昶，李国强，等. 钢结构设计手册（下册）[M]. 4版. 北京：中国建筑工业出版社，2019.
[9] 秦斌. 钢结构连接节点设计手册[M]. 5版. 北京：中国建筑工业出版社，2023.